世赛成果转化系列教材

U0369673

零件数据采集与逆向工程

主　编　陈泳桓　张　振
副主编　陈映欢　曾浩杰　李　爽　戴立勇
参　编　黄嵘曦　冯锦涛　郑皓宏　刘世堡
主　审　曹　澍

机械工业出版社

本书为增材制造技术专业的世赛成果转化系列教材。全书共6个任务，全面介绍了典型零件数据采集与逆向建模的基本原理与关键技术。本书遵循工学一体化人才培养模式改革理念，以"能力本位、工作过程导向、项目任务驱动"为原则，通过有层次性的典型学习任务，将世界技能大赛的先进理念、技术标准、评价体系与国内企业的生产组织方式和典型工作任务有机融合。

本书可供技工学校和职业院校增材制造技术专业学生学习和教师教学使用，也可供企业技术人员、研究人员以及对增材制造技术感兴趣的人士学习相关专业理论与实践操作参考。

本书配有电子课件，使用本书作为教材的教师可登录机械工业出版社教育服务网www.cmpedu.com注册后下载。咨询电话：010-88379534，微信号：jjj88379534，公众号：CMP-DGJN。

图书在版编目（CIP）数据

零件数据采集与逆向工程/陈泳桓，张振主编.
北京：机械工业出版社，2025. 2. --（世赛成果转化系列教材）. -- ISBN 978-7-111-77269-9

Ⅰ . TB4

中国国家版本馆 CIP 数据核字第 2025ZC0646 号

机械工业出版社（北京市百万庄大街 22 号　邮政编码 100037）
策划编辑：王晓洁　　　　　　责任编辑：王晓洁　许　爽
责任校对：闫玥红　张亚楠　　封面设计：马精明
责任印制：邹　敏
中煤（北京）印务有限公司印刷
2025 年 2 月第 1 版第 1 次印刷
184mm×260mm · 9.5 印张 · 252 千字
标准书号：ISBN 978-7-111-77269-9
定价：39.80 元

电话服务　　　　　　　网络服务
客服电话：010-88361066　机 工 官 网：www.cmpbook.com
　　　　　010-88379833　机 工 官 博：weibo.com/cmp1952
　　　　　010-68326294　金 书 网：www.golden-book.com
封底无防伪标均为盗版　机工教育服务网：www.cmpedu.com

前言
FOREWORD

制造业是国家经济命脉所系，是立国之本、强国之基。党的二十大报告指出，坚持把发展经济的着力点放在实体经济上，推进新型工业化，加快建设制造强国、质量强国、航天强国、交通强国、网络强国、数字中国。

当下，全球制造业正经历前所未有的深刻变革，增材制造技术是其中具有代表性的颠覆性技术。它从根本上改变了传统"制造引导设计、制造性优先设计、经验设计"的设计理念，真正意义上实现了"设计引导制造、功能性优先设计、拓扑优化设计"的转变，为全产业技术创新和发展开辟了巨大空间，现已成为世界先进国家抢占科技创新与先进制造业发展制高点的竞争焦点之一。

为顺利推动我国制造业转型升级和增材制造产业高质量发展，必须充分发挥人才的支撑与驱动作用，需要各级院校持续培养符合产业发展需求的高素质人才。在专业建设过程中，为了有效赋能高素质技能人才培养，编者以全面提升技能人才培养质量为宗旨，转化世界技能大赛的先进理念、技术标准和评价体系，融合国内企业的生产组织方式和典型工作任务，遵循工学一体化人才培养模式改革理念，以"能力本位、工作过程导向、项目任务驱动"为原则，开发了系列教材，本书为其中一本。

本书详细介绍了典型零件的数据采集与逆向建模技术，共设计了6个任务，包括回转体零件的逆向建模、四方体零件的逆向建模、破损类零件的逆向建模修复、铸造类零件的数据采集、复合型零件的数据采集以及注塑类零件的数据采集与逆向建模。本书不仅包含典型零件数据采集、逆向建模相关的基本知识，还涉及安全与规范操作知识、Geomagic Design X逆向建模软件的操作方法、手持式扫描仪的使用方法等内容。本书通过典型学习任务，让学生能够在完成任务的过程中，互动式地学习知识并运用知识，真正实现"做中学、学中做"。

为了落实立德树人的根本任务，本书在编写过程中注重素质教育元素的有机融入。通过典型案例、故事等形式，以视频、讲授等教学手段，使学生在学习专业知识的同时，也能受到素质教育的熏陶，强化素质育人效果。

本书由陈泳桓、张振任主编并统稿。陈泳桓编写了任务1，张振、曾浩杰编写了任务2，李爽编写了任务3，戴立勇、刘世堡、郑皓宏编写了任务4，黄嵘曦编写了任务5，冯锦涛、陈映欢编写了任务6。曹澍对全书进行了审阅，并提出了宝贵的建议和意见。

最后，感谢所有为本书编写付出努力的专家和学者，以及给予帮助和指导的先临三维科技股份有限公司。同时对本书在编写过程中参考的同类著作作者表示衷心感谢。

因编者水平有限，书中难免存在不足之处，恳请广大读者提出宝贵的意见和建议，共同推动本书的不断完善与推广。

编　者

二维码索引

目录
CONTENTS

任务 1

回转体零件的逆向建模

工作情境描述

某三维设计企业为欢迎新员工的加入，将对他们开展逆向建模培训。在培训过程中，新员工将学习如何使用逆向建模软件、逆向建模的基本原理和技巧。经过系统的培训，新员工可快速掌握逆向建模技能，提升逆向建模效率和质量，为企业的项目提供更好的支持和服务。

学习目标

通过本任务的学习，学生应当能够：
1. 理解逆向建模的概念。
2. 举例说明逆向建模的应用。
3. 熟悉 Geomagic Design X 逆向建模软件的基本界面。
4. 使用 Geomagic Design X 逆向建模软件进行逆向建模。
5. 完成任务评价与总结。

素养目标

自行搜索观看《坐标中国：基建狂魔如何跨越天山》《大国工匠》视频，感受科技进步的力量。

建议总学时

20 学时

学习活动 1　明确任务要求并制订工作计划

学习目标

1. 理解逆向建模的概念。

2. 能够举例说明逆向建模的应用。

3. 熟悉 Geomagic Design X 逆向建模软件。

4. 在老师的指导下正确填写任务单。

5. 完成学习成果汇报。

建议学时

2 学时

学习过程

回转体零件
模型

一、领取任务单与回转体零件的 STL 三角面片数据

1. 领取并填写回转体零件逆向建模任务单（表 1-1）。

表 1-1　回转体零件逆向建模任务单

单位名称				工期	1 周
开单部门				单号	
开单人		接单人		开单时间	
序号	产品名称	数量		任务需求	
1	回转体零件	1 件		根据提供的 STL 数据进行逆向建模	

2. 领取回转体零件的三角面片数据（STL 格式），如图 1-1 所示。

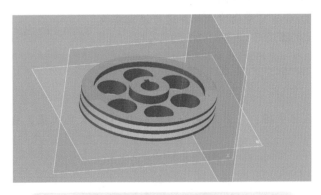

图 1-1　回转体零件的三角面片数据（STL 格式）

3. 通过检索"逆向建模的概念"，填写下方填空题。

逆向建模是指根据现有的产品、系统或过程的_____，通过_____、_____和技术手段，还原其设计和制造过程中的_____和_____，以便更好地理解和评估其结构、功能和性能。逆向建模的主要目的是帮助人们更好地理解_____或系统的_____、_____和_____，从而可以进行后续的改进、优化或再设计工作。逆向建模涉及的技术手段包括_____、_____和_____等。逆向建模在_____、_____和_____等领域都有广泛应用。

4.通过检索"逆向建模应用领域"，填写下方填空题。

（1）产品开发　逆向建模可以帮助设计师更好地理解现有_____和_____，从而为新产品的设计提供灵感和参考。

（2）逆向工程　逆向建模可以帮助工程师_____或_____，为产品的维护、改进和再设计提供支撑。

（3）知识产权保护　逆向建模可以帮助企业保护自己的_____，通过对竞争对手的产品进行逆向分析，发现其设计和制造技术，及时采取措施保护自己的技术优势。

（4）质量控制　逆向建模可以用于检测产品的_____和_____，帮助企业_____和_____。

（5）故障诊断与维修　逆向建模可以帮助技术人员分析产品的故障原因，快速定位问题并提供_____和_____。

总体来说，逆向建模的应用十分广泛，涵盖了_____、_____、_____、_____、_____和_____等多个领域。

二、制订工作计划

1.经过以上步骤的分析，请在小组间讨论分析回转体零件的逆向建模工艺，并填写在下方空白处。

2.小组间开展计划研讨，制订回转体零件的逆向建模方案。请以思维导图、手绘草图、流程图和文字表述等形式清晰地在下方空白处表达最终方案。

3.小组讨论，制订回转体零件逆向建模的工作计划，填写表1-2。

表 1-2　回转体零件逆向建模的工作计划

步骤	工作计划	时间
1		
2		
3		

（续）

步骤	工作计划	时间
4		
5		
6		
7		
8		
9		
10		

三、成果汇报

各小组按照要求，结合本学习活动内容完成以下任务：

1. 列出本学习活动执行过程中存在的问题和改进的方法。

2. 选出小组代表，汇报本学习活动的完成情况。

学习活动 2 认识 Geomagic Design X 逆向建模软件

 学习目标

1. 熟悉 Geomagic Design X 逆向建模软件的基本界面。

2. 能够设置 Geomagic Design X 逆向建模软件基本参数。

3. 能够使用鼠标和键盘进行 Geomagic Design X 逆向建模软件的基本操作。

4. 能够使用 Geomagic Design X 逆向建模软件进行文件操作。

5. 完成学习成果汇报。

建议学时

8 学时

 学习过程

一、逆向建模软件应用

1. 熟悉 Geomagic Design X 逆向建模软件的基本界面, 填写表 1-3。

表 1-3 基本界面

名称	说 明	图 示
软件	打开_____软件	Dx Design X 2020.0
菜单栏	菜单栏包括_____、_____、_____、_____、_____、_____、_____、_____、_____、_____、_____。	菜单 初始 实时采集 点 多边形 领域 对齐 草图 3D草图 模型 精确曲面
特征树	特征树的作用是_____	树 树 帮助 视点 特征 前 上 右 原点 6-4 回转体2 领域组1
工具栏	工具栏中包括_____	导入 Geomagic Capture 运行扫描流程 平面 草图 SOLIDWORKS 上下文帮
工具条	工具条中的功能包括_____	
分析栏	分析栏的用途是_____	Accuracy Analyzer(TM) 属性 显示 Accuracy Analyzer(...

（续）

名称	说　明	图　示
模型树	模型树的作用是_____ _____ _____	■ 默认 ⊞ ◎ ◯ 面片 ⊞ ◎ 田 参照平面 ⊞ ◎ ⼈ 参照坐标系
对话框	—	拉伸 □ ✔ ✕ 基准草图 草图1面片▼ 轮廓 草图环形1 自定义方向 ▼ 方向 方法 距离▼ 长度 5 mm 拔模 ▶ □ 反方向
显示栏	显示栏能隐藏显示的功能包括_____ _____ _____ _____	
选择过滤器	选择过滤器的功能包括_____ _____ _____ _____	

2. 设置 Geomagic Design X 逆向建模软件的基本参数，填写表 1-4。

表 1-4　设置基本参数

操作说明	软件界面
1. 打开参数设置界面：单击"_____"选择"文件"，再选择"_____"	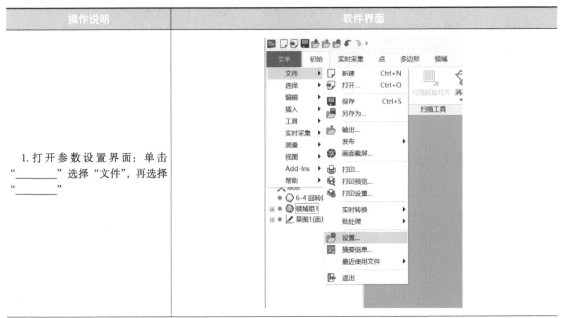

（续）

操作说明	软件界面
2. 参数设置界面信息	
3. 一般需要修改的有"一般属性"中的"文件的自动保存（分）""视图"中的"鼠标操作方式"和"单位"	

3. Geomagic Design X 逆向建模软件中鼠标和键盘的基本操作见表1-5，根据表中图示，在表格空白处填写各基本操作指令。

表 1-5　鼠标和键盘的基本操作

图　　示	基本操作指令

4. Geomagic Design X 逆向建模软件的文件操作流程见表 1-6，请填写下方表中空白处。

表 1-6　文件操作流程

操作说明	软件界面
1. 导入文件的指令：单击左上角菜单中的"＿＿＿＿"，开始导入文件	 菜单　导入

（续）

操作说明	软件界面
2. 导入文件：选择文件存放的路径，并单击右下角的"仅导入"	Dx 导入　　　　　　　　　　　　　　　　× 查找范围(I)：文档 主文件夹　名称　　　　　　　　　修改日期 3D Systems　　　　　2024/4/3 9:27 Adobe　　　　　　　2024/4/18 21:22 桌面　Avalanche Studios　2024/3/30 21:13 Battlefield V　　　　2024/3/30 23:52 库　CFSystem　　　　　2024/4/13 18:52 Inventor　　　　　　2024/4/2 10:52 此电脑　Need for Speed Heat　2024/3/30 10:52 WebView　　　　　2024/3/16 21:59 WeChat Files　　　　2024/5/7 15:28 网络　WPSDrive　　　　　2024/4/10 9:41 自定义 Office 模板　2024/4/18 15:13 零件1　　　　　　　2024/4/2 14:14 文件名(N)：零件1 文件类型(T)：所有被支持的文件形式 □修正错误数据　□利用 ASCII 支持　□读取隐藏的实体　运行面片创建精灵 □自定义设置 ☑仅点云　□抑制面片　　单位 mm　仅导入 □包括顶点法线　□点云结合　　精度 float　取消 包含纹理 无　采样比率 1/1　三角化切断角度 75
3. 文件的设置：单击左上角菜单中"导入"下方的小箭头，文件的设置方式有_____、_____、_____、_____、_____、_____。	输出　LiveCa 导入 打开 新建 保存 另存为 输出

二、成果汇报

各小组按照要求，结合本学习活动内容完成以下任务：

1. 列出本学习活动执行过程中存在的问题和改进的方法。

2. 选出小组代表，汇报本学习活动的完成情况。

学习活动 3　逆向建模

 学习目标

1. 能够使用 Geomagic Design X 逆向建模软件创建平面。
2. 能够使用 Geomagic Design X 逆向建模软件绘制面片草图（回转）。
3. 能够使用 Geomagic Design X 逆向建模软件进行坐标系对齐。
4. 能够使用 Geomagic Design X 逆向建模软件绘制回转轴参考线。
5. 能够使用 Geomagic Design X 逆向建模软件绘制回转投影草图。
6. 能够使用 Geomagic Design X 逆向建模软件进行面片草图拉伸切割实体。

回转体零件
的逆向建模

 建议学时

8 学时

学习过程

一、任务实施

1. 根据逆向建模流程创建平面，填写表 1-7。

表 1-7　创建平面

操作说明	软件界面
1. 导入数据：导入 STL _____ 数据	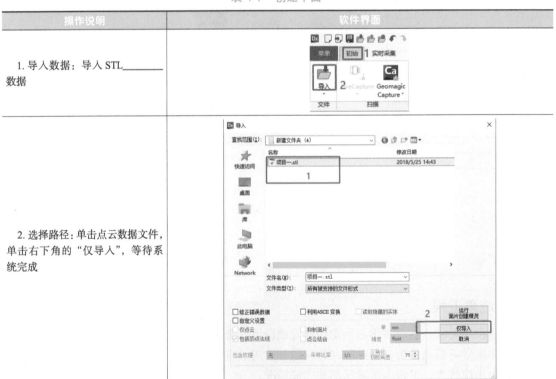
2. 选择路径：单击点云数据文件，单击右下角的"仅导入"，等待系统完成	

（续）

操作说明	软件界面
3. 导入模型文件	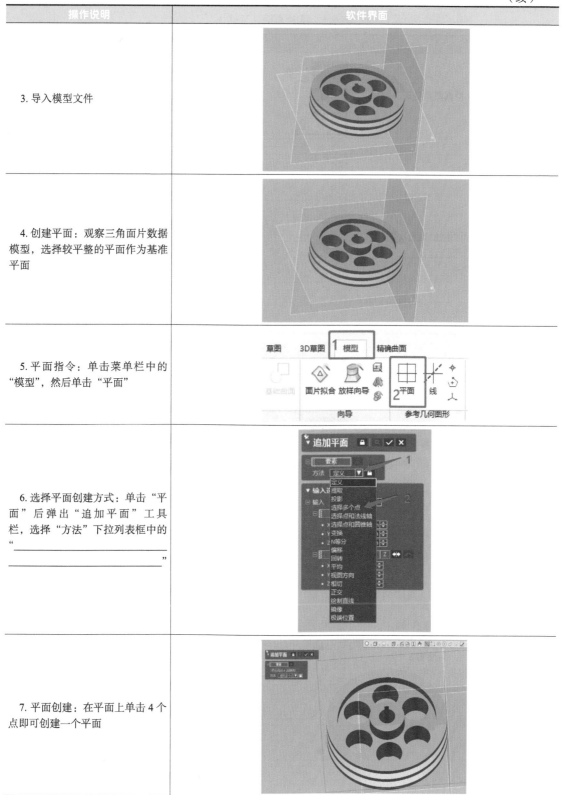
4. 创建平面：观察三角面片数据模型，选择较平整的平面作为基准平面	
5. 平面指令：单击菜单栏中的"模型"，然后单击"平面"	
6. 选择平面创建方式：单击"平面"后弹出"追加平面"工具栏，选择"方法"下拉列表框中的"_____"	
7. 平面创建：在平面上单击4个点即可创建一个平面	

2. 根据逆向建模流程进行面片草图（回转），填写表 1-8。

表 1-8　面片草图（回转）

操作说明	软件界面
1. 面片草图指令：根据图片提示，单击"面片草图"	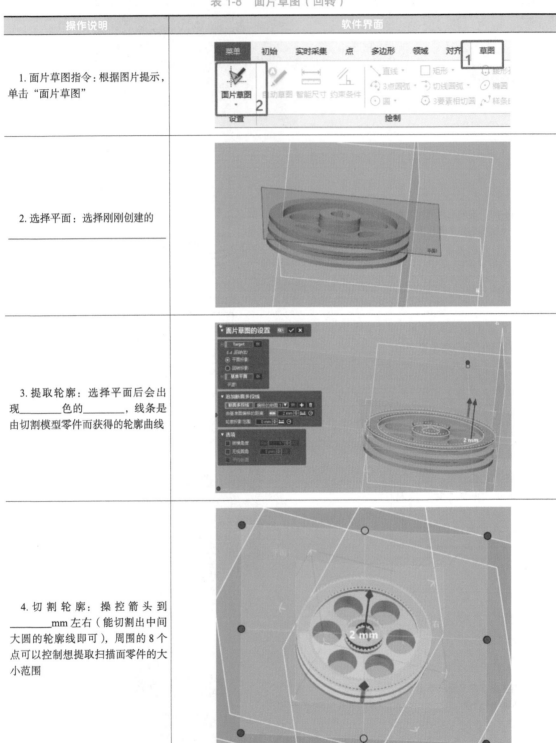
2. 选择平面：选择刚刚创建的 _____	
3. 提取轮廓：选择平面后会出现 _____ 色的 _____，线条是由切割模型零件而获得的轮廓曲线	
4. 切割轮廓：操控箭头到 _____ mm 左右（能切割出中间大圆的轮廓线即可），周围的 8 个点可以控制想提取扫描面零件的大小范围	

（续）

操作说明	软件界面
5. 距离设置：可以在"面片草图的设置"中输入"由基准面偏移的距离"_____mm	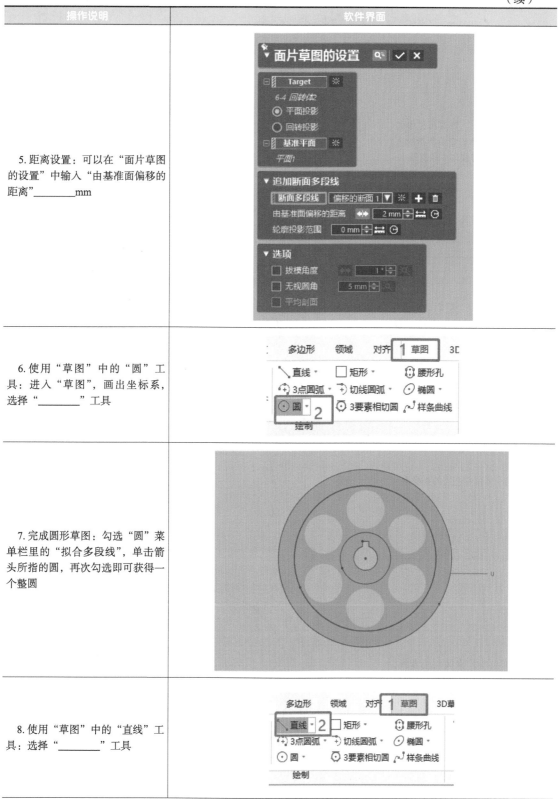
6. 使用"草图"中的"圆"工具：进入"草图"，画出坐标系，选择"_____"工具	
7. 完成圆形草图：勾选"圆"菜单栏里的"拟合多段线"，单击箭头所指的圆，再次勾选即可获得一个整圆	
8. 使用"草图"中的"直线"工具：选择"_____"工具	

（续）

操作说明	软件界面
9. 勾选 "_____" 菜单栏中的 "拟合多段线"，单击箭头所指的直线，再次勾选即可获得一条直线	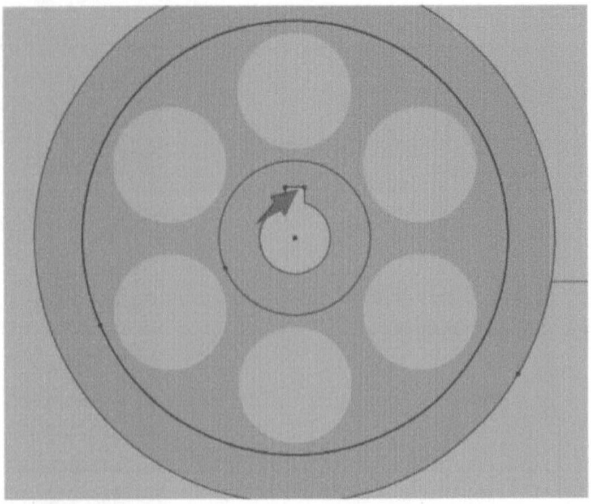
10. 使用 "_____" 工具，起点在_____	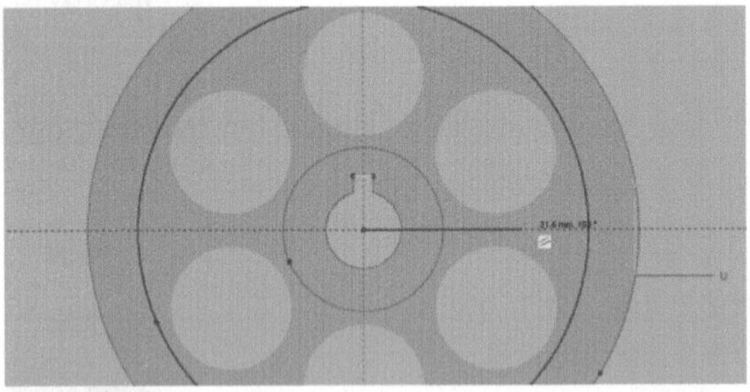
11. 使箭头停留在左边的直线上	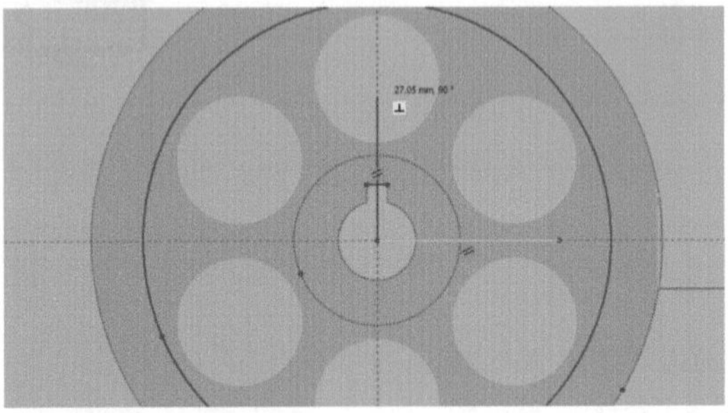
12. 根据出现的直线的垂直线，创建 2 条相互垂直的直线，可取任意长度，垂直即可	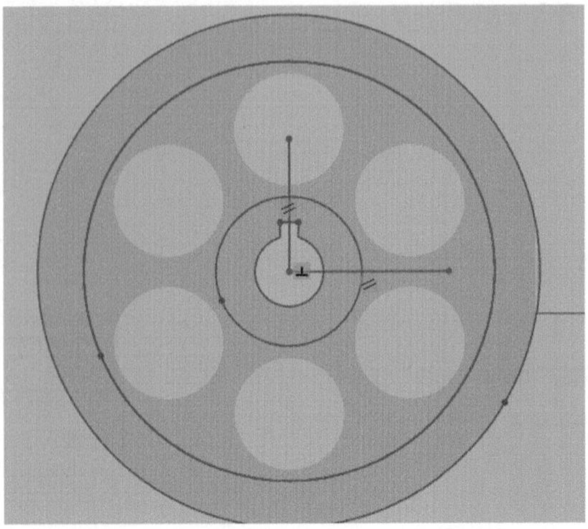

3. 根据逆向建模流程，完成坐标系对齐，填写表 1-9。

表 1-9　坐标系对齐

操作说明	软件界面
1. 单击"对齐"中的"手动_____"	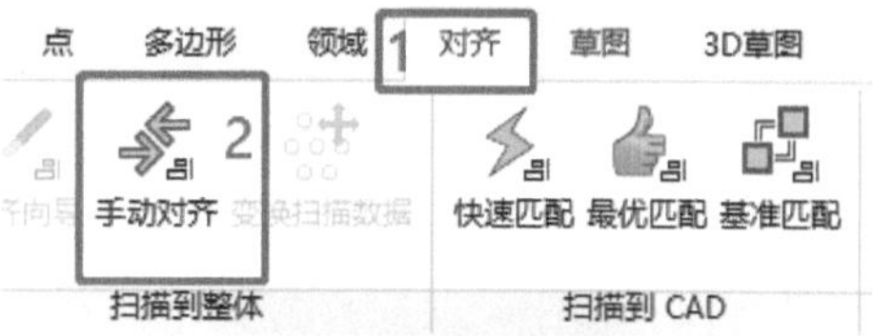
2. 选择"移动实体"，之后再进行下一步操作	
3. 选择过滤器_____和_____	
4. 选择_____-_____-_____、位置	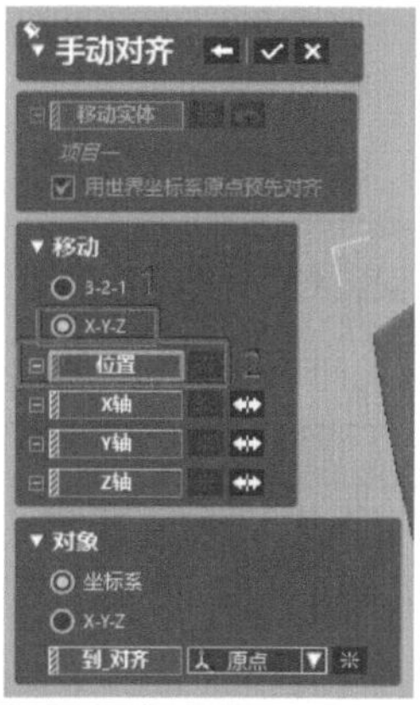
5. 单击刚刚创建的草图中的圆的中心点	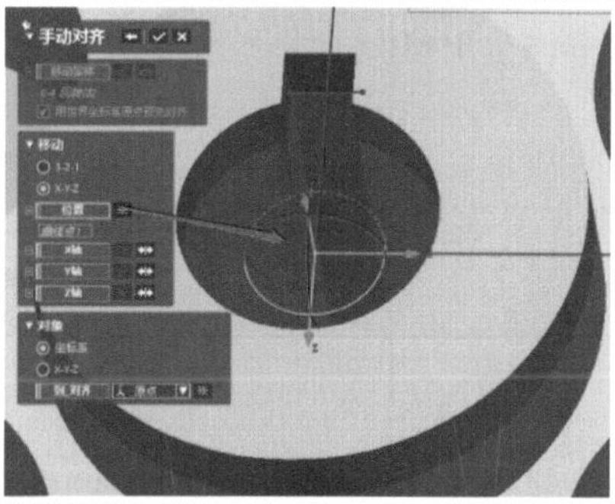
6. 选择 X 轴和 Y 轴	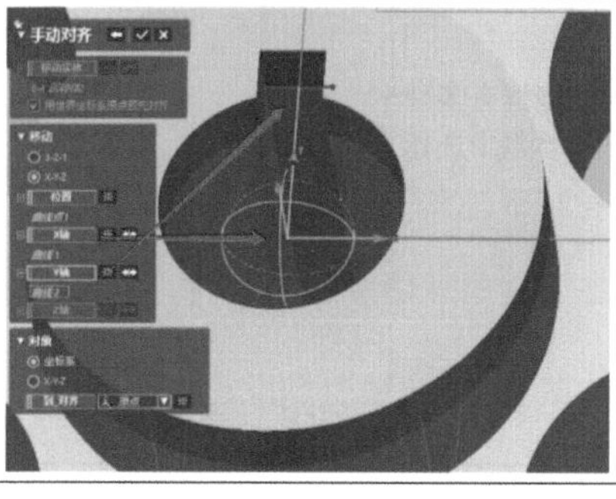

（续）

操作说明	软件界面
7. 勾选后就完成了坐标系对齐，可以删除对齐前所创建的草图和平面	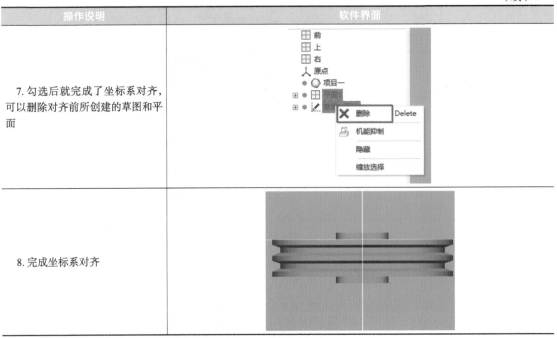
8. 完成坐标系对齐	

4. 根据逆向建模流程，绘制回转轴参考线，填写表1-10。

表 1-10　绘制回转轴参考线

操作说明	软件界面
1. 单击"初始"菜单栏中的"线"功能，选择"线"	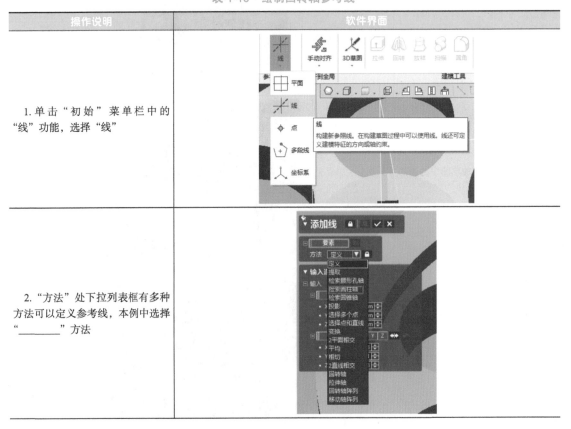
2. "方法"处下拉列表框有多种方法可以定义参考线，本例中选择"_____"方法	

（续）

操作说明	软件界面
3. 单击后需要选择圆柱轴，有4种选择模式，本例中选择"画笔选择模式"涂刷中间的圆柱轴	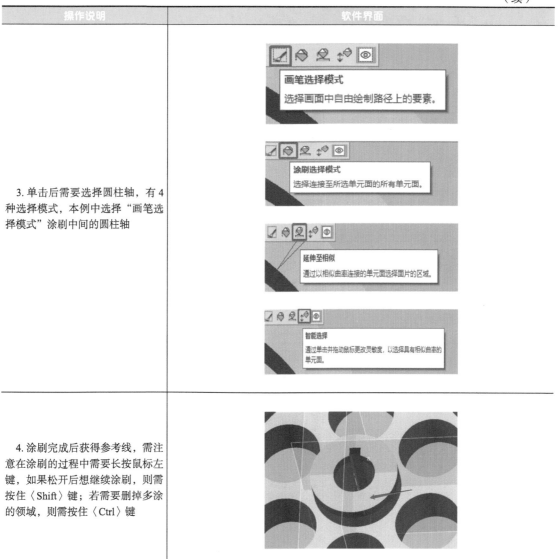
4. 涂刷完成后获得参考线，需注意在涂刷的过程中需要长按鼠标左键，如果松开后想继续涂刷，则需按住〈Shift〉键；若需要删掉多涂的领域，则需按住〈Ctrl〉键	

5. 根据逆向建模流程，绘制回转投影草图，填写表1-11。

表 1-11　绘制回转投影草图

操作说明	软件界面
1. 单击"3D草图"中的"＿＿＿＿"功能	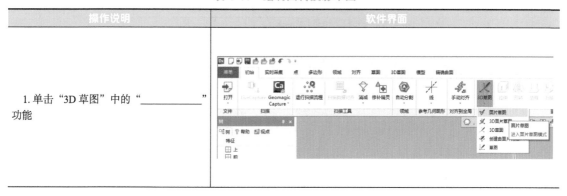

（续）

操作说明	软件界面
2. 弹出"画片草图的设置"，"中心轴"选择上一步骤创建的_____线，"基准平面"选择前平面	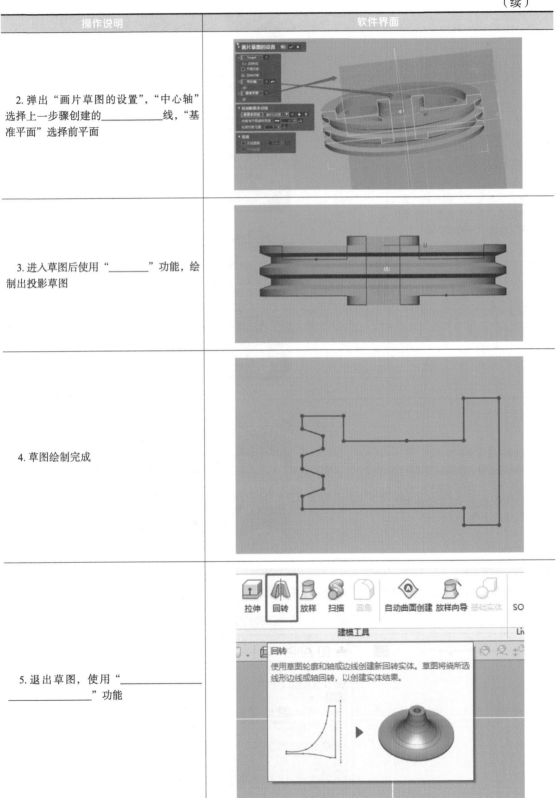
3. 进入草图后使用"_____"功能，绘制出投影草图	
4. 草图绘制完成	
5. 退出草图，使用"_____"功能	

（续）

操作说明	软件界面
6. 回转出实体	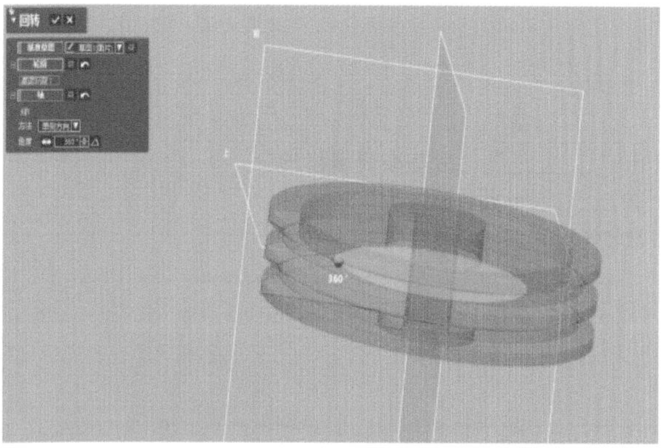
7. 完成回转体拉伸	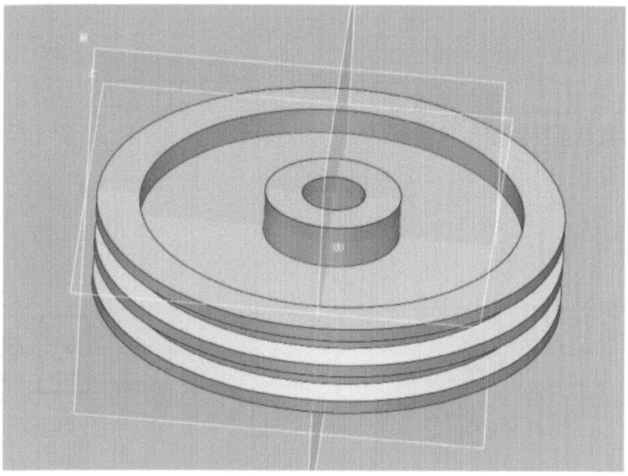

6. 根据逆向建模流程，使用面片草图拉伸切割实体，填写表 1-12。

表 1-12 使用面片草图拉伸切割实体

操作说明	软件界面
1. 还有几个特征需要使用面片草图投影出孔的位置来拉伸切割。单击上平面，右击第一个选项	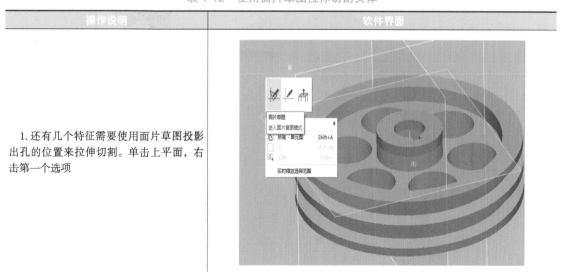

（续）

操作说明	软件界面
2. 弹出"_____"，"由基准面偏移的距离"为_____mm，在_____mm 处投射出轮廓线，单击✓进入草图	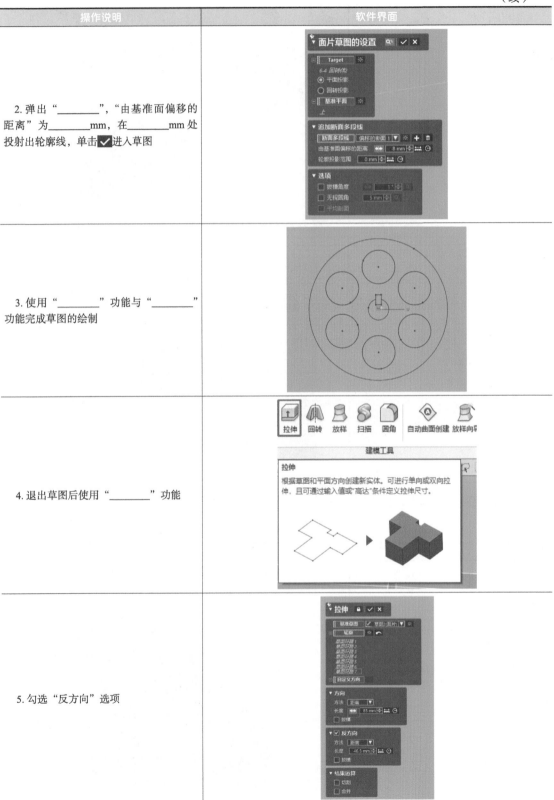
3. 使用"_____"功能与"_____"功能完成草图的绘制	
4. 退出草图后使用"_____"功能	
5. 勾选"反方向"选项	

（续）

操作说明	软件界面
6. 拉伸距离要超过 _____ _____	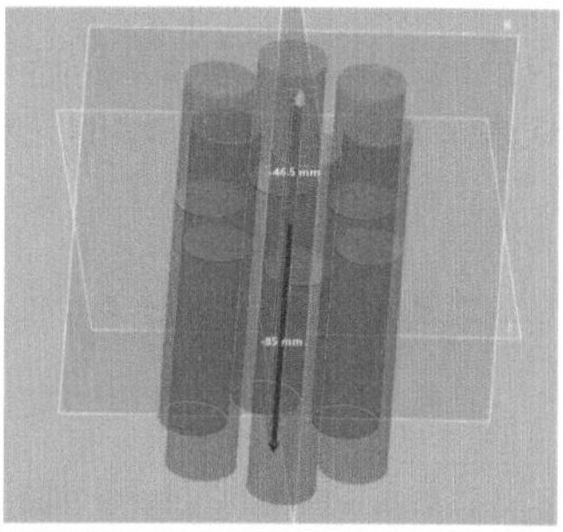
7. 勾选 "_____" 功能	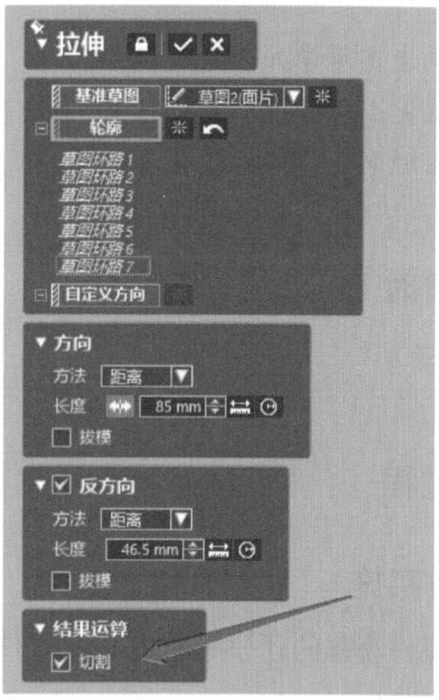
8. 单击 "确定"，完成实体的创建	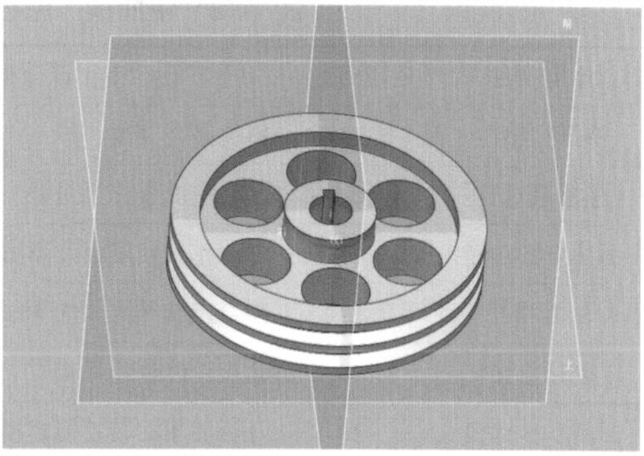
9. 单击 "菜单" → "文件" → "保存"	

二、成果汇报

各小组按照要求，结合本学习活动内容完成以下任务：

1. 列出本学习活动执行过程中存在的问题和改进的方法。

2. 选出小组代表，汇报本学习活动的完成情况。

学习活动 4　任务评价与总结

学习目标

1. 能够正确运用所学知识完成操作。

2. 能够正确完成评分标准表。

3. 能够满足逆向建模的性能要求。

建议学时

2 学时

学习过程

一、任务实施

填写逆向操作流程的评分标准表（表 1-13）。

表 1-13　逆向操作流程的评分标准表

序号	评价项目	分值	评分标准	学生自评	小组互评	教师评价
1	特征完整性	10	特征是否完整			
2	坐标系对齐	5	是否完成坐标系对齐			
3	面片草图功能	10	是否正确使用面片草图功能			
4	导入 STL 格式文件	10	是否正确导入 STL 格式文件			
5	创建平面	10	是否正确创建平面			
6	回转功能建模	20	是否使用回转功能建模			
7	职业素养	10	计算机摆放整齐、规范			
		10	工作服、工作帽、工作鞋是否穿戴规范			
		5	工作后是否清理现场			
		10	现场表现			
	小计					
	总分					

注："总分"成绩计算按照"小计"中"学生自评"的 20%、"小组互评"的 30%、"教师评价"的 50% 进行综合计算。

二、清理现场、归置物品

良好的工作习惯是在工作过程中有意识地养成的，这一点对于有良好职业素养的高技能人才尤其重要。请在下方空白处记录整理工作台、合理整齐摆放计算机等设备和保持实训室日常卫生等的操作。

工匠精神

观看视频《坐标中国：基建狂魔如何跨越天山》《大国工匠》视频，感受科技进步的力量，同时学习世界技能大赛的事例，感悟从事该专业必须具备精益求精、一丝不苟的工匠精神。

知识拓展

什么是 STL 文件？

STL（Stereolithography）是一种常用的三维模型文件格式，也是最早用于 3D 打印的文件格式之一，它用来描述三维模型的几何形状，通常由许多个小的三角形面片组成。

任务2

四方体零件的逆向建模

工作情境描述

　　某 3D 企业接到一个四方体零件逆向建模工程的订单，需要编制零件的逆向工艺、检测逆向建模数据质量等。现主管将该任务交给逆向工程部门，要求在规定时间内完成任务。

　　逆向工程部门组员从班组长处领取任务单并填写。根据任务要求，进行小组讨论并填写工作计划。同时准备计算机、软件等，完成四方体零件的逆向建模工作，完成后检测零件数据质量并填写评分标准表，工作过程中应遵循现场工作规范。

学习目标

通过本任务的学习，学生应当能够：
1. 独立分析四方体零件的主要特征，理清逆向建模思路。
2. 使用 Geomagic Design X 软件进行逆向建模。
3. 使用 Geomagic Design X 软件进行测量分析。
4. 完成任务评价与总结。

素养目标

　　1. 加强安全生产的意识和对学生职业素养的教育，培养学生的社会责任感和严谨的工作态度。
　　2. 自行搜索观看《中国制造2025》视频，充分了解中国未来发展的需求。

建议总学时

21 学时

学习活动 1 明确任务要求并制订工作计划

 学习目标

1. 能够独立分析四方体零件的主要特征。
2. 理清逆向建模思路。
3. 能够正确填写任务单。

 建议学时

3 学时

 学习过程

四方体零件
模型

一、领取逆向建模任务单与四方体零件数据

1. 领取并填写四方体零件逆向建模任务单（表 2-1）。

表 2-1　四方体零件逆向建模任务单

单位名称				工期	1 周
开单部门				单号	
开单人		接单人		开单时间	
序号	产品名称	数量		任务需求	
1	四方体零件	1 件		根据提供的 STL 数据进行逆向建模	

2. 领取四方体零件数据（STL 格式），如图 2-1 所示。

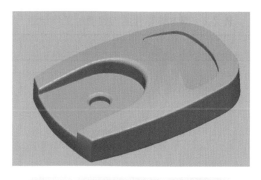

图 2-1　四方体零件数据（STL 格式）

3. 阅读任务单并观察零件数据，上网查阅资料，检索逆向建模在增材制造中发挥了哪些作用，完成以下内容的填写。

基于增材制造的逆向建模工程技术是指在没有设计图样以及_____的情况下，用一定的手段获得实体产品的_____，然后根据测量数据采用三维几何建模方法重构实物三维模型，并对重构的曲面进行精度分析，评价构造结果，最终生成适用于增材制造的数据，据此进行 3D 打印。

4.独立查阅资料，了解为什么需要对齐坐标系以及在软件中有几种对齐方式，完成以下内容的填写。

对齐坐标系是指对齐扫描数据的坐标系和建模的坐标系。两个坐标系是否完全对齐影响建造模型的精度。对齐方式有对齐向导和手动对齐两种：对齐向导方式无须手动选择或定义坐标系几何形状，便可将对象面片与世界坐标系对齐，即存在领域组的时候可以使用；手动对齐方式是通过选择曲面点或从一个预定义坐标转换为另一个坐标系进行对齐的。手动对齐方式有两种：_____对齐方式（点-线-面对齐）以及_____对齐方式。两种对齐方式达到的效果相同，但_____对齐方式更适合平面类模型。采用 X-Y-Z 对齐方式，用于对齐坐标系的参考可以是平面和领域等。基本体模型的底面为平面，侧面为圆弧面，顶面为圆弧面，中间去除部分的底面也是圆弧，所以以底面为基准，截取模型后绘制两个参考面。

二、制订工作计划

1.经过以上步骤的分析，请在小组间讨论分析四方体零件的逆向建模工艺顺序，并填写在下方空白处。

2.小组间开展计划研讨，制订四方体零件的逆向建模方案。请以思维导图、手绘草图、流程图和文字表述等形式清晰地在下方空白处表达最终方案。

3.小组讨论，制订四方体零件逆向建模的工作计划，填写表 2-2。

表 2-2　四方体零件逆向建模的工作计划

步骤	工作计划	时　间
1		
2		
3		
4		

（续）

步骤	工作计划	时　间
5		
6		
7		
8		
9		
10		

三、成果汇报

各小组按照要求，结合本学习活动内容完成以下任务：

1. 列出本学习活动执行过程中存在的问题和改进的方法。

2. 选出小组代表，汇报本学习活动的完成情况。

学习活动 2　逆向建模

 学习目标

1. 能够使用 Geomagic Design X 软件进行手动领域划分。

2. 掌握 Geomagic Design X 软件的面片拟合功能。

3. 掌握 Geomagic Design X 软件的面片草图功能。

4. 能够使用 Geomagic Design X 软件进行特征拉伸。

5. 能够使用 Geomagic Design X 软件进行模型倒角。

6. 能够使用 Geomagic Design X 软件进行体偏差分析。

四方体零件
的逆向建模

 建议学时

10 学时

学习过程

一、任务实施

根据逆向建模流程，填写表 2-3。

表 2-3 逆向建模流程

操作说明	软件界面
单击"初始"菜单栏中的"导入"功能	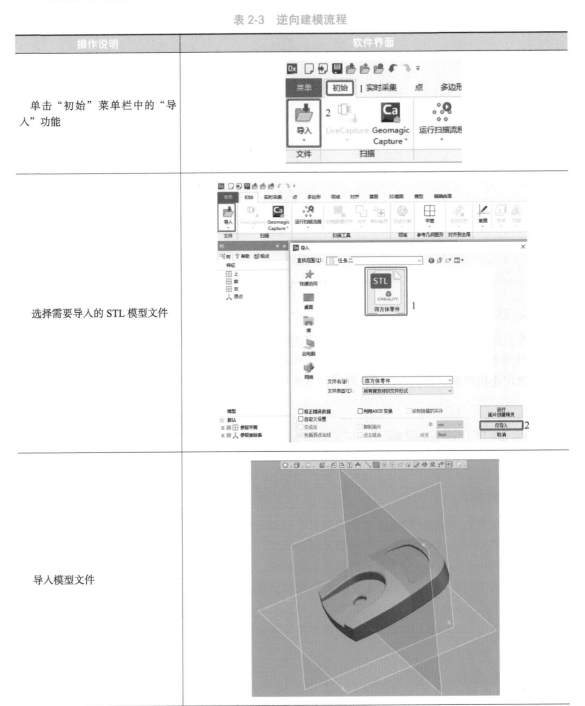
选择需要导入的 STL 模型文件	
导入模型文件	

（续）

操作说明	软件界面
追加平面的功能运用：单击"平面"功能，选择"_____"	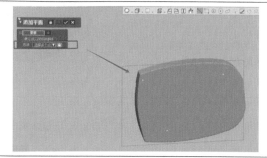
在模型的底面随机选择三个点位，出现预览的平面后单击✓，三点确定一个平面，这样一个平面就创建出来了 提示：分析模型特征时，对于一些大平面的特征可以选择创建平面，以作为基准平面	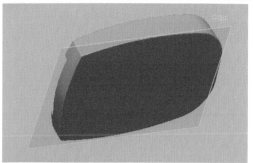
使用"面片草图"功能，在"基准平面"选择上一步创建的基准平面，向上偏移_____mm，单击✓进入草图绘制 提示：截取某一距离的零件轮廓曲线，以便绘制草图时进行零件对齐	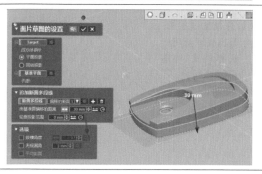

（续）

操作说明	软件界面
使用"草图"功能，绘制图示中的草图曲线，图中的两条直线相互_____，随后退出"面片草图"	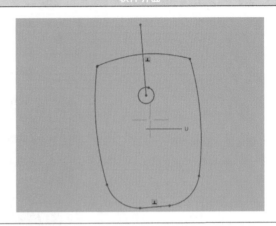
对零件进行坐标系对齐，选择"_____"对齐方式，"_____"选择圆心点，"X轴"选择水平直线，"Y轴"选择竖直直线，按照图示进行坐标系对齐 提示：此时的软件的视图方向参数应设置为"Z向上"	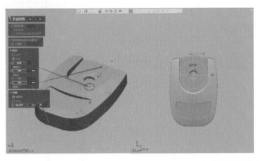
坐标系对齐后，可在特征树中将坐标系对齐前所建的多余的平面和草图删除	
在界面中心偏上的工具栏中，有一些可以手动划分领域的工具。请根据软件提示写出以下常用的模式："_____选择模式""矩形选择模式""画笔选择模式""_____选择模式"和"智能选择模式"	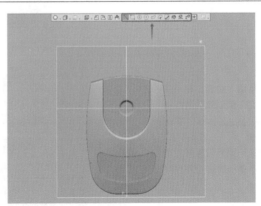

（续）

操作说明	软件界面

在界面中心偏上的工具栏中，有一些可以手动划分领域的工具。请根据软件提示写出以下常用的模式："_____选择模式""矩形选择模式""画笔选择模式""_____选择模式""_____选择模式"和"智能选择模式"	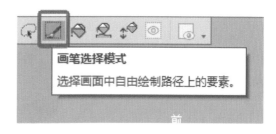
	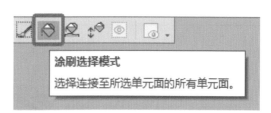

	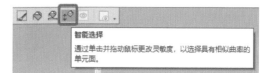

（续）

操作说明	软件界面
选用"_____选择模式"，涂刷示例中的区域 提示：选择相似曲率的选择工具，这样可以事半功倍	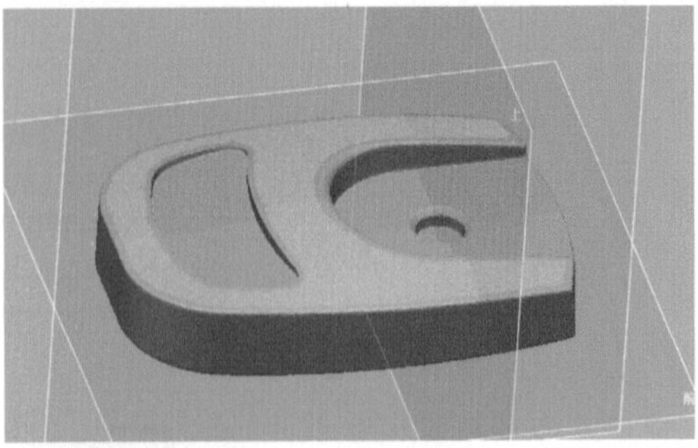
在"领域"菜单栏中找到"插入"功能，将选择的单元面插入领域	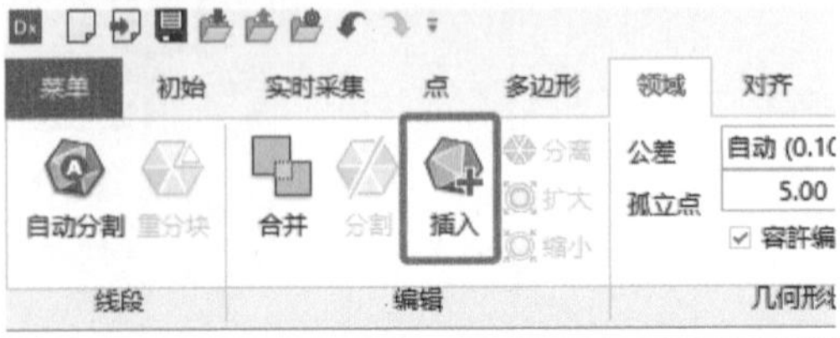
插入领域完成 提示：每一块领域的颜色都不同	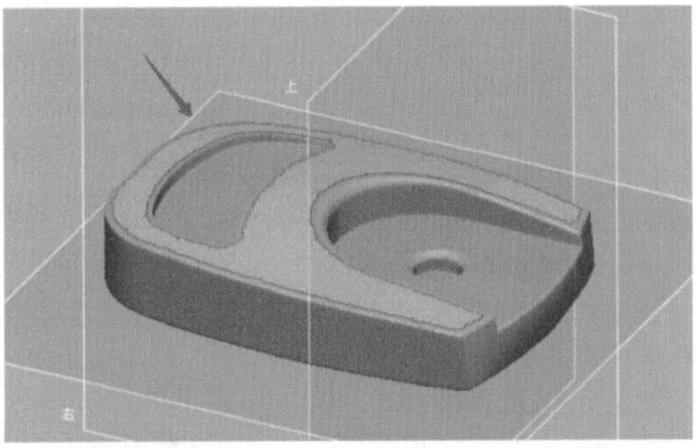
选择零件的 6 个面的单元面，依次分别插入领域	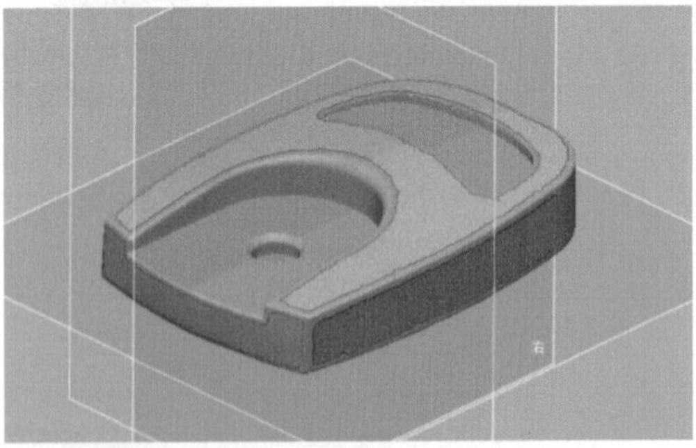 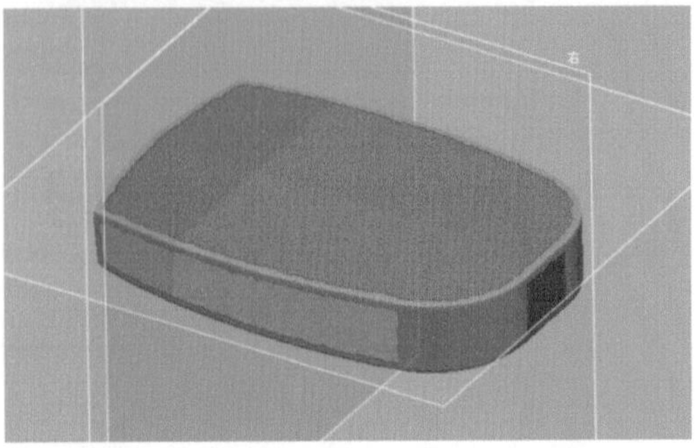

（续）

操作说明	软件界面
在"模型"菜单栏中，找到"面片拟合"功能 提示：面片拟合是指将所选择的单元面或领域插入一张可编辑的曲面	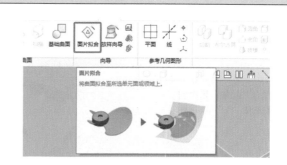
"面片拟合"的参数如下： 1."领域/单元面"：单击领域或选择单元面 2."分辨率"：分辨率是生成曲面的方式，有许可偏差和控制点数两种方式 3."平滑"：曲面的平滑度，可视情况拖动	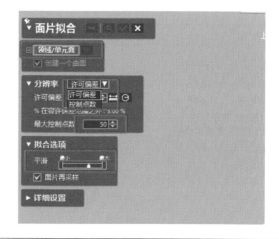
弹出"面片拟合"对话框，选择一处领域，使用默认参数	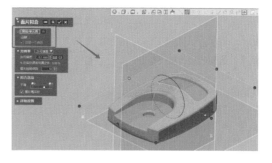
完成面片拟合操作	

（续）

操作说明	软件界面
使用"面片拟合"功能，依次创建其余领域的曲面片	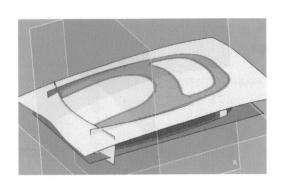
有些曲面创建出来后，其面积不够大，无法进行后续的修剪操作，这时可以选择"模型"菜单栏中的"＿＿＿＿＿"功能	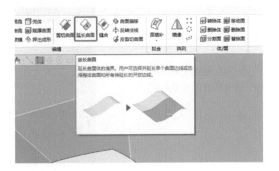
弹出"延长曲面"对话框，单击需要延长的曲面或者曲面的边，输入＿＿＿＿＿mm，完成曲面的延长 提示：延长合适的距离	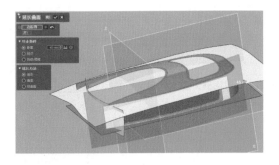
观察其他曲面，选择面积较小的曲面进行"延长曲面"操作	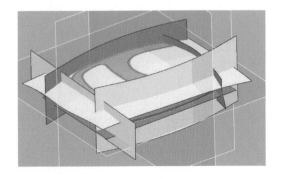

（续）

操作说明	软件界面
选择"模型"菜单栏中的"剪切曲面"功能 提示：去除掉不需要的部分曲面，只保留需要的曲面	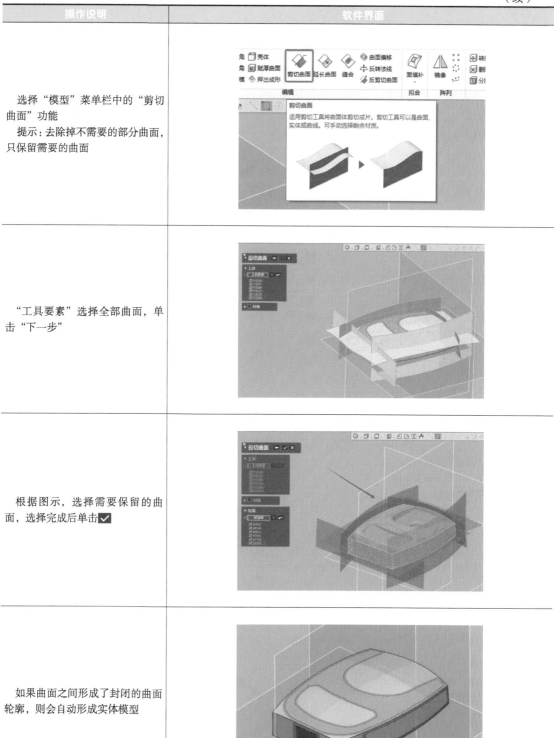
"工具要素"选择全部曲面，单击"下一步"	
根据图示，选择需要保留的曲面，选择完成后单击✓	
如果曲面之间形成了封闭的曲面轮廓，则会自动形成实体模型	

（续）

操作说明	软件界面
通过对比分析 STL 数据，发现有两处需要倒圆角。选择"模型"菜单栏中的"圆角"功能	
单击需要倒圆角的两条边，在"半径"处输入_____mm，完成倒圆角操作	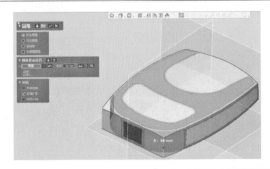
完成主体的逆向建模特征后，可以通过"体偏差"工具，检查目前的逆向建模精度有无问题	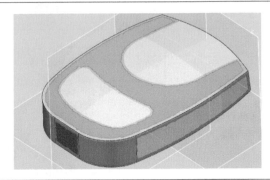
在界面中心偏上的位置，有一个彩色的小立方体，单击后会弹出"体偏差"，对建模精度进行分析	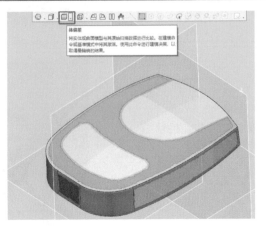

（续）

操作说明	软件界面
利用"体偏差"进行精度分析是指将创建出来的实体与原始的STL数据进行比较，精度可自行输入。通过分析，软件显示的绿色区域表示与原始数据较为贴合，比较准确；而红色、黄色区域则表示材料过多，需要创建特征并进行布尔运算	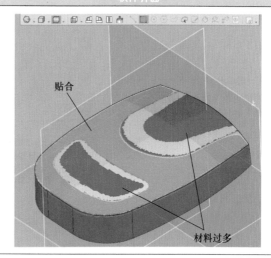
使用"_____涂刷选择模式"，将图示中的两个位置插入领域，并且是平面类型的领域	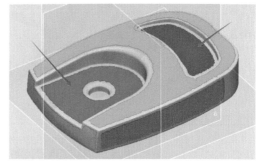
使用"_____"功能，"由基准面偏移的距离"为_____mm，截取此时的轮廓曲线，进入绘制草图界面 提示：偏移的距离应能截取箭头处特征的全部轮廓曲线	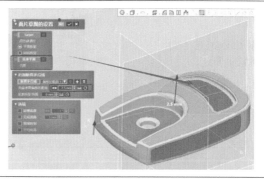
使用"草图"功能，根据截取的轮廓曲线，绘制出图示中的曲线形状，也可以使用"自动草图"功能选择需要绘制的曲线自动绘制	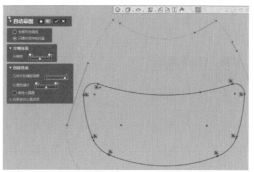

（续）

操作说明	软件界面
选择"模型"菜单栏中的"拉伸"功能，拉伸上一步绘制的草图曲线，勾选"结果运算"中的"切割"	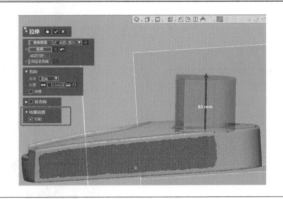
完成第一处的特征建模	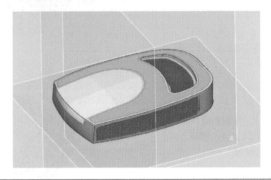
对箭头所指的领域也使用"面片草图"功能截取轮廓曲线	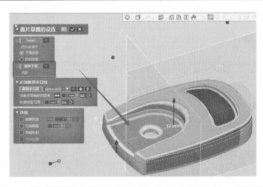
使用"草图"功能，根据截取的轮廓曲线绘制图示的形状	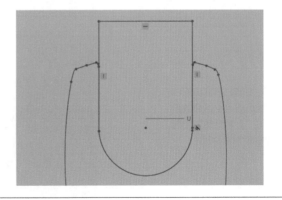

（续）

操作说明	软件界面
同样使用"拉伸"功能切割去除	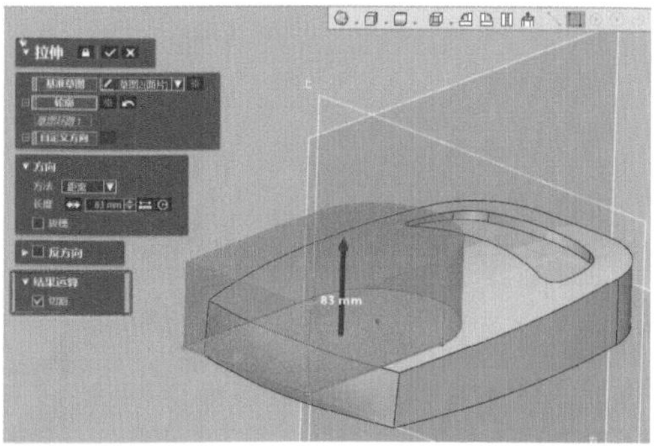
完成第二处的特征建模	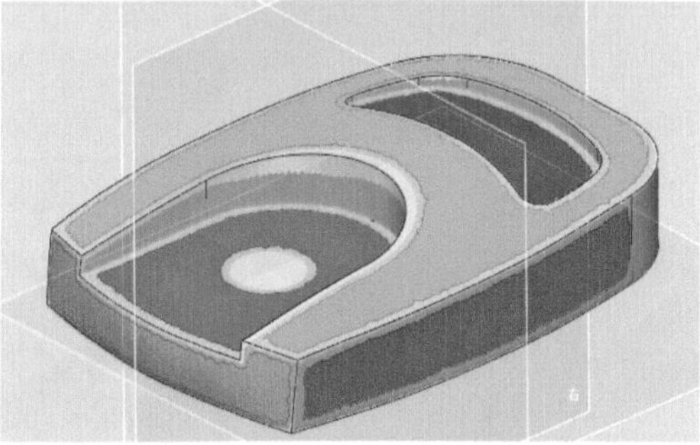
对箭头所指的领域使用"＿＿＿＿＿＿"功能截取下方圆孔的轮廓曲线，"由基准面偏移的距离"为＿＿＿＿＿＿mm 提示："由基准面向上偏移的距离"应要能够截取圆孔的轮廓曲线	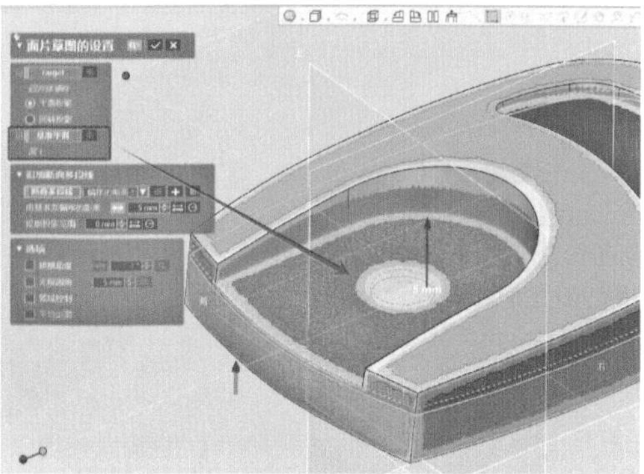
使用"草图"功能，根据截取的轮廓曲线，绘制图示的形状	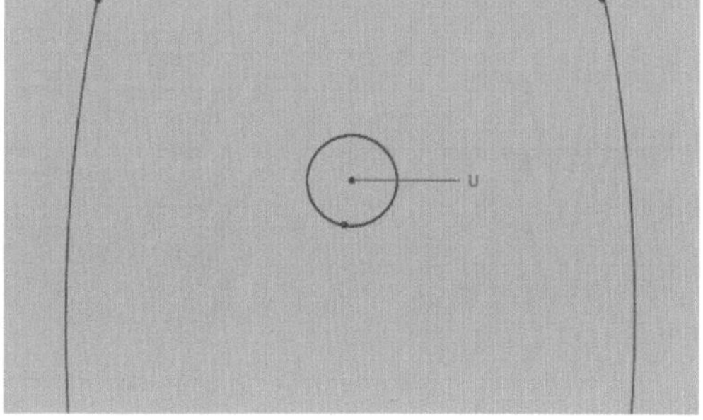

（续）

操作说明	软件界面
使用"拉伸"功能，向下拉伸 _____mm，勾选"结果运算"中的"_____"	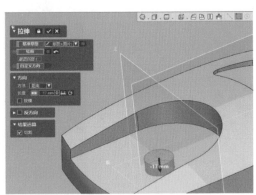
完成全部特征建模	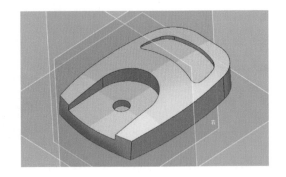
打开"体偏差"分析功能，分析此时的实体情况，模型上有许多细小的红色、蓝色和黄色等区域，这些位置还需要进行倒圆角或倒角，才能最终完成建模	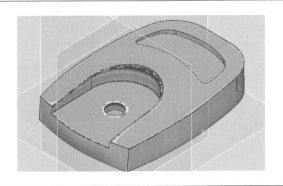
选择"模型"菜单栏中的"圆角"功能	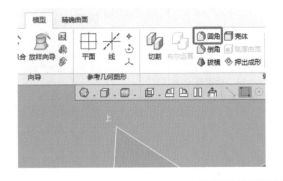

（续）

操作说明	软件界面
找到图示中的特征边，在"圆角"对话框中，输入"半径"为____mm，完成倒圆角操作 提示：根据原始的 STL 模型完成对实体的倒圆角	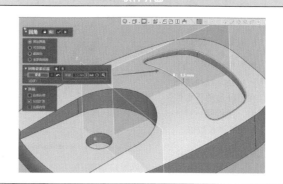
选择"模型"菜单栏中的"倒角"功能	
找到图示中的特征边，在"倒角"对话框中，输入"距离"为____mm 完成倒角操作，也可使用"体偏差"功能分析输入的距离是否正确 提示：根据原始的 STL 模型完成对实体的倒角	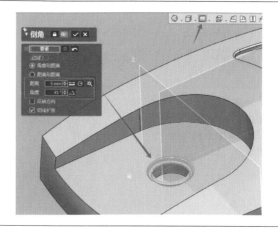
若在倒圆角的精度分析中，在图示的特征区域出现一边是绿色，而另一边是红色。即使修改半径尺寸也无法改善，这时可以使用"可变圆角"功能	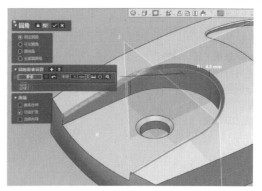

（续）

操作说明	软件界面
选择"圆角"对话框中的第二个选项"可变圆角"功能，选择之前的特征边，可以在特征边的任意位置单击并输入数值，使得同一特征边的不同位置有不同的半径数值	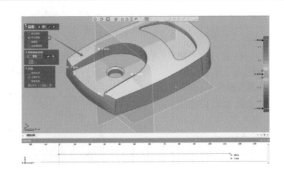
使用"可变圆角"功能完成对特征的编辑	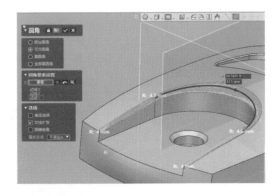
使用"圆角"功能，完成对实体最后一处的特征创建 提示：根据原始 STL 数据，创建贴合的圆角特征	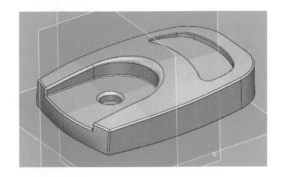
打开"体偏差"分析工具，查看是否还有未创建的特征，根据不同颜色的区域，分析逆向建模实体的特征创建完整度 提示：全是绿色即完成	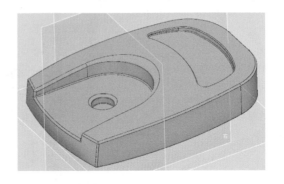

（续）

操作说明	软件界面
单击"菜单"→"文件"→"保存"	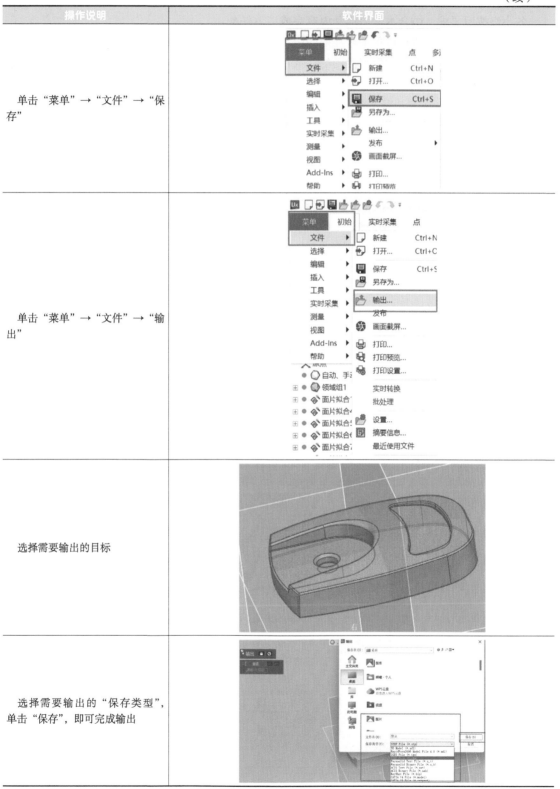
单击"菜单"→"文件"→"输出"	
选择需要输出的目标	
选择需要输出的"保存类型"，单击"保存"，即可完成输出	

二、成果汇报

各小组按照要求，结合本学习活动内容完成以下任务：

1. 列出本学习活动执行过程中存在的问题和改进的方法。

2. 选出小组代表，汇报本学习活动的完成情况。

学习活动 3　逆向建模零件的测量

学习目标

1. 能够使用 Geomagic Design X 软件进行零件尺寸测量。

2. 能够使用 Geomagic Design X 软件进行面积测量。

建议学时

4 学时

学习过程

一、任务实施

根据下面表格中的流程，进行零件测量，填写表 2-4。

表 2-4　零件测量流程

操作说明	软件界面
打开＿＿＿＿＿	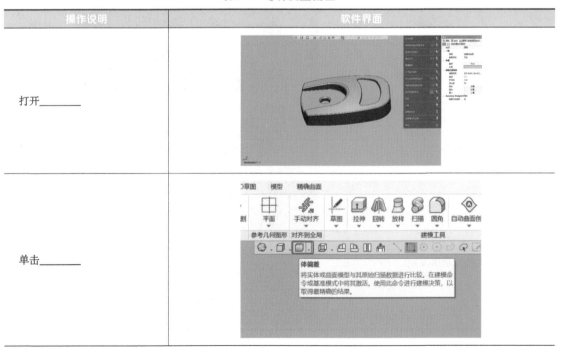
单击＿＿＿＿＿	

（续）

操作说明	软件界面
可以比较逆向建模与实际数据的差别	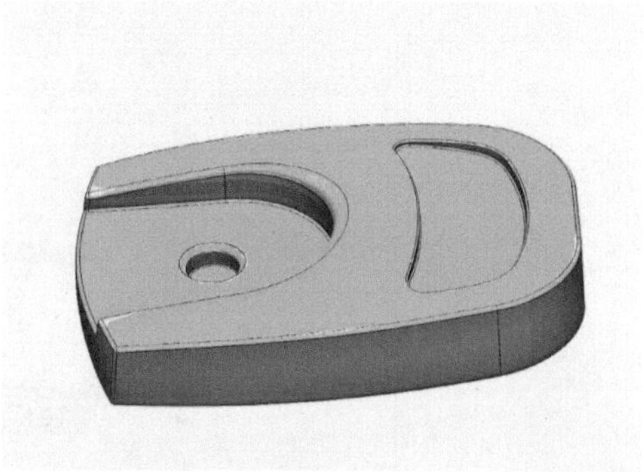
_____代表尺寸在公差范围内，将鼠标悬停在其他颜色上方，就会提示偏差的数值	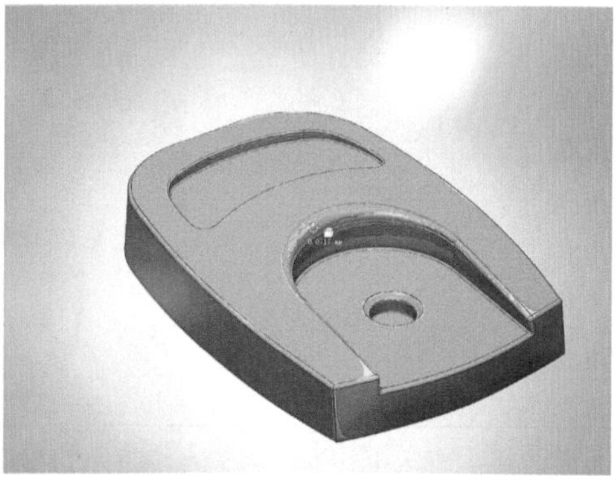
可以根据偏差数值，继续对模型进行调整	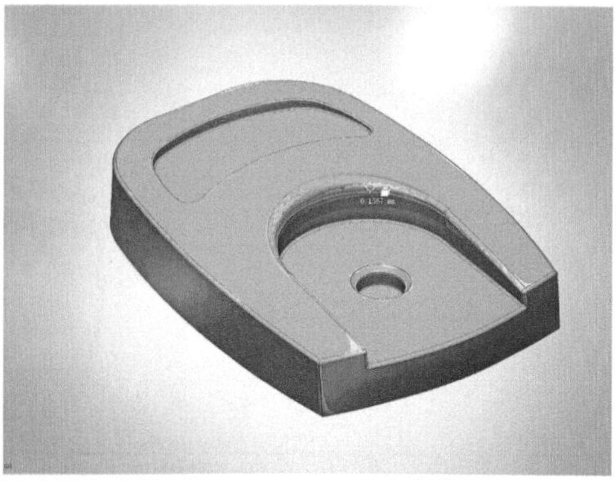
这是_____	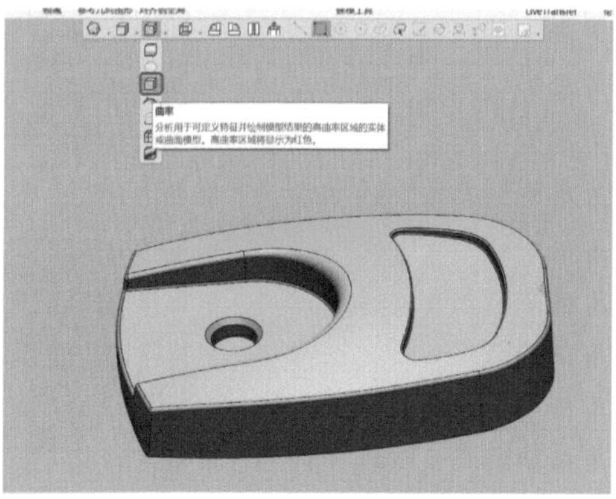

（续）

操作说明	软件界面
这是_____	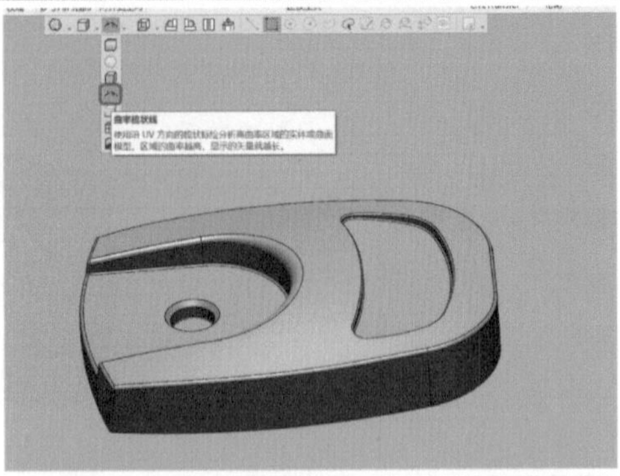
这是_____	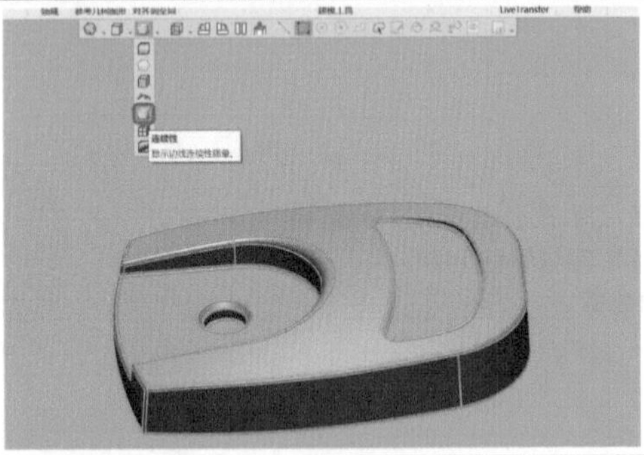
这是_____	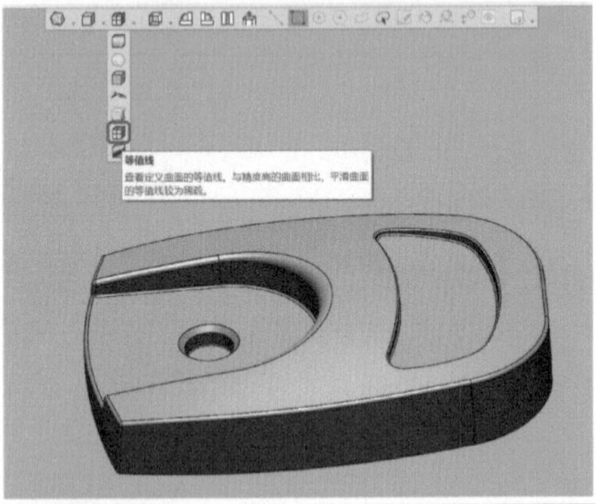
这是_____	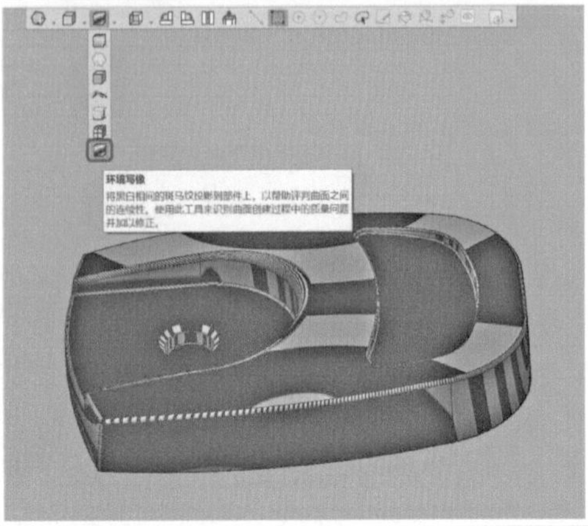

（续）

操作说明	软件界面
如要测量图中箭头所指的_____	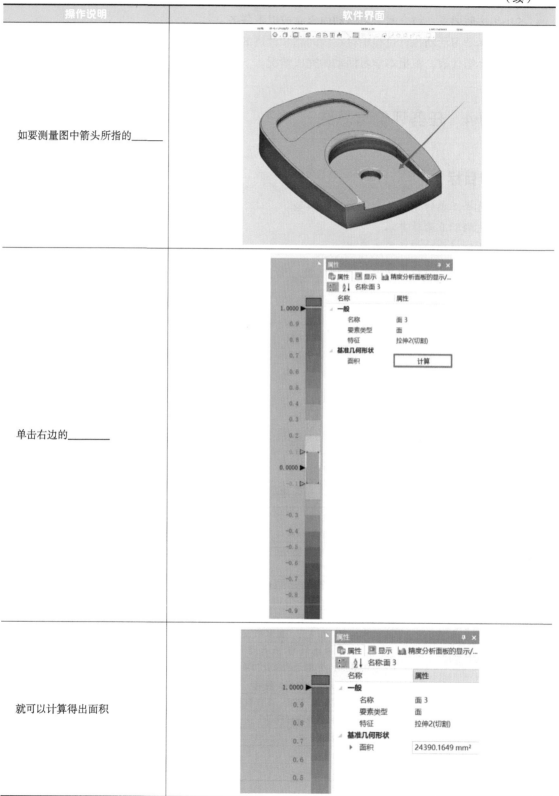
单击右边的_____	
就可以计算得出面积	

二、成果汇报

各小组按照要求，结合本学习活动内容完成以下任务：

1. 列出本学习活动执行过程中存在的问题和改进的方法。
2. 选出小组代表，汇报本学习活动的完成情况。

学习活动4　任务评价与总结

学习目标

1. 能够选择正确的方法检测逆向建模模型。
2. 能够达到职业素养要求。
3. 能够达到逆向建模的基本要求。
4. 能判断分析并总结不合格的原因。

建议学时

4学时

学习过程

一、任务实施

填写逆向建模的评分标准表（表2-5）。

表2-5　逆向建模的评分标准表

序号	评价项目	分值	评分标准	学生自评	小组互评	教师评价
1	坐标系对齐	5	是否完成坐标系对齐			
2	领域正确性	10	划分领域完整并正确，每处不正确扣2分，最多扣10分			
3	特征完整性	10	零件的各个特征创建完整且正确，每处不满足扣2分，最多扣10分			
4	细节特征	20	零件的细节特征是否完整，缺少倒圆角、倒角的每处扣2分，最多扣20分			
5	零件精度	20	抽取5处特征检查体偏差，应不大于0.15mm，不满足的每处扣4分，最多扣20分			
6	职业素养	10	计算机摆放整齐、规范			
		10	工作服、工作帽、工作鞋是否穿戴规范			
		5	工作后是否清理现场			
		10	现场表现			
	小计					
	总分					

注："总分"成绩计算按照"小计"中"学生自评"的20%、"小组互评"的30%、"教师评价"的50%进行综合计算。

二、清理现场、归置物品

1. 良好的工作习惯是在工作过程中有意识地养成的，这一点对于具有良好职业素养的高技能人才尤其重要。请在下方空白处记录整理工作台、合理整齐摆放计算机等设备和保持实训室日常卫生等的操作。

2. 本任务所用量具的日常维护保养工作各包括哪些项目？请在下方空白处记录。

三、四方体零件的逆向建模工作小结

工匠精神

　　观看《中国制造 2025》视频，了解中国未来发展的需求，培养爱国主义精神，提升民族自豪感，坚定"四个自信"。

知识拓展

什么是 FDM 技术?

　　FDM (Fused Deposition Modeling) 技术是 3D 打印中最常见且被广泛应用的一种技术。该技术基于热塑性材料的熔融沉积原理，通过将材料按照预定路径进行逐层堆积，最终形成 3D 实体。FDM 技术包括四个关键步骤，分别是打印文件准备、打印机设置、材料加载和打印。

任务3

破损类零件的逆向建模修复

 工作情境描述

某3D企业接到一个破损零件逆向建模修复工程的任务订单，需要编制零件的逆向工艺、检测工艺品质量等。现主管将该任务交给逆向工程部门，要求在规定时间内完成任务。

逆向工程部门组员从班组长处领取任务单并填写。根据任务要求，进行小组讨论并填写工作计划。同时准备计算机、软件等，完成破损零件的逆向建模工作，完成后检测零件质量并填写评分标准表。工作过程中应遵循现场工作规范。

 学习目标

通过本任务的学习，学生应当能够：

1. 在教师指导下使用 Geomagic Design X 软件进行面片数据的处理。
2. 使用 Geomagic Design X 软件进行自动拟合曲面建模。
3. 完成任务评价与总结。

 素养目标

自行搜索观看《大国工匠：方文墨》《大国工匠：裴永斌》，提升创新思维和创新意识。

 建议总学时

20 学时

学习活动 1　明确任务要求并制订工作计划

 学习目标

1. 了解三角网格的概念。
2. 能够正确填写破损零件逆向建模修复任务单。

3. 能够制订破损零件的逆向建模修复工作计划。

4. 掌握破损零件逆向建模修复工艺。

5. 能够正确填写任务单。

破损类零件模型

建议学时

3 学时

学习过程

一、领取任务单与破损零件数据

1. 领取并填写破损零件逆向建模修复任务单（表 3-1）。

表 3-1　破损零件逆向建模修复任务单

单位名称				工期	1 周
开单部门				单号	
开单人		接单人		开单时间	
序号	产品名称	数量		任务需求	
1	破损零件	1 件		模型修复和逆向建模	

2. 领取破损零件数据（STL 格式），如图 3-1 所示。

3. 阅读任务单并观察零件数据，详见表 3-1、图 3-1，上网查阅资料，检索三角网格的概念，完成以下内容的填写。

简单来说，多边形网格就是一个多边形列表；三角网格就是全部由＿＿＿＿＿＿＿＿组成的多边形网格。多边形网格和三角网格在建模中应用广泛，用来模拟复杂物体的表面，如＿＿＿＿＿＿＿＿＿＿＿、＿＿＿＿＿＿＿＿＿＿＿＿、＿＿＿＿＿＿＿＿＿＿＿＿和茶壶等。

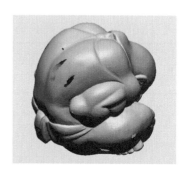

图 3-1　破损零件数据（STL 格式）

二、制订工作计划

1. 经过以上步骤的分析，请在小组间讨论分析破损零件的逆向建模修复工艺顺序，并填写在下方空白处。

2. 小组间开展计划研讨，制订破损零件的逆向建模修复方案。请以思维导图、手绘草图、流程图和文字表述等形式清晰地在下方空白处表达最终方案。

3. 小组讨论，制订破损零件逆向建模修复的工作计划，填写表 3-2。

表 3-2　破损零件逆向建模修复的工作计划

步骤	工作计划	时　间
1		
2		
3		
4		
5		
6		
7		
8		
9		
10		
11		

三、成果汇报

各小组按照要求，结合本学习活动内容完成以下任务：

1. 列出本学习活动执行过程中存在的问题和改进的方法。
2. 选出小组代表，汇报本学习活动的完成情况。

学习活动2 三角面片的数据处理

 学习目标

1. 能够在教师指导下使用 Geomagic Design X 软件的修补精灵功能。
2. 能够熟练使用 Geomagic Design X 软件的填孔功能。
3. 能够熟练使用 Geomagic Design X 软件的细分面片功能。

破损零件
逆向建模修复

 建议学时

10 学时

 学习过程

一、任务实施

1. 根据数据处理流程，使用修补精灵功能，填写表 3-3。

表 3-3 使用修补精灵功能

操作说明	软件界面
单击"初始"菜单栏中的"_____"	
选择需要导入的 STL 模型文件	

（续）

操作说明	软件界面
导入模型文件	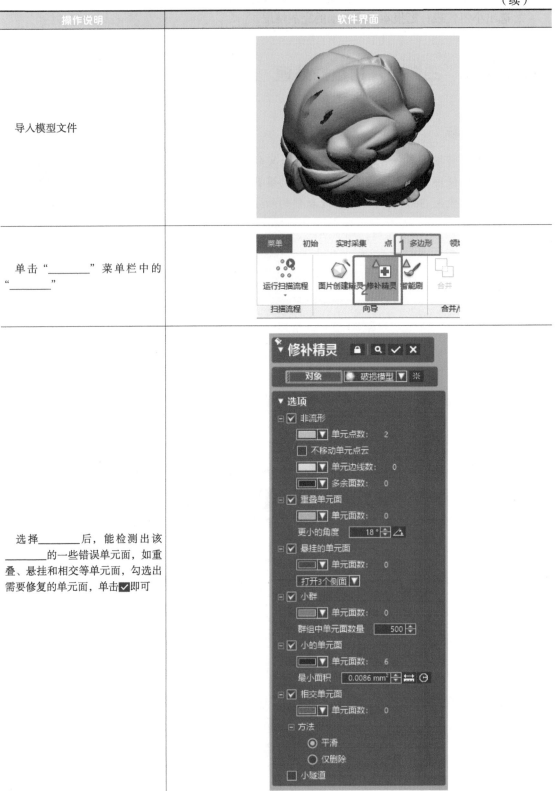
单击"_____"菜单栏中的"_____"	
选择_____后，能检测出该_____的一些错误单元面，如重叠、悬挂和相交等单元面，勾选出需要修复的单元面，单击✓即可	

2.根据逆向建模流程，使用填孔功能，填写表3-4。

表3-4　使用填孔功能

操作说明	软件界面
通过观察，发现该模型上有一些孔洞需要填补	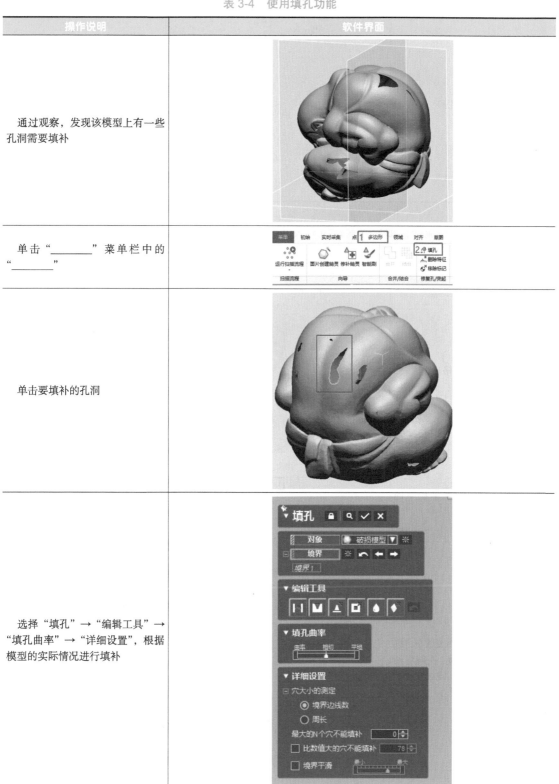
单击"＿＿＿＿"菜单栏中的"＿＿＿＿"	
单击要填补的孔洞	
选择"填孔"→"编辑工具"→"填孔曲率"→"详细设置"，根据模型的实际情况进行填补	

（续）

操作说明	软件界面
填补模型上所有的孔洞	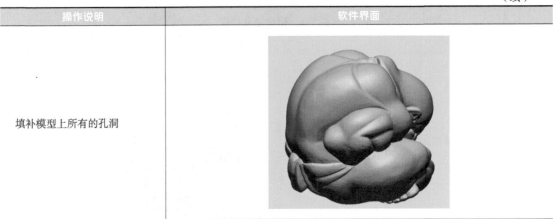

3. 根据逆向建模流程，细分面片，填写表3-5。

表 3-5　细分面片

操作说明	软件界面
当模型中的三角网格比较大时，可以使用"细分"功能	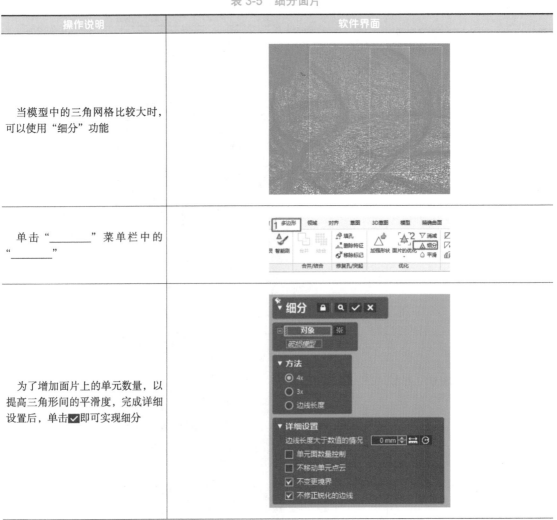
单击"_____"菜单栏中的"_____"	
为了增加面片上的单元数量，以提高三角形间的平滑度，完成详细设置后，单击☑即可实现细分	

（续）

操作说明	软件界面
可以看出，细分后的模型表面变得更加光滑	

二、成果汇报

各小组按照要求，结合本学习活动内容完成以下任务：

1. 列出本学习活动执行过程中存在的问题和改进的方法。

2. 选出小组代表，汇报本学习活动的完成情况。

学习活动 3　自动拟合曲面功能和文件输出

学习目标

1. 能够正确使用 Geomagic Design X 软件的自动拟合曲面功能。

2. 能够灵活运用 Geomagic Design X 软件的精度分析功能。

3. 能够完成 Geomagic Design X 软件的文件输出。

建议学时

5 学时

学习过程

一、任务实施

1. 根据逆向建模流程，使用修补精灵功能，填写表 3-6。

表 3-6　使用修补精灵功能

操作说明	软件界面
单击"_____"菜单栏中的"_____"	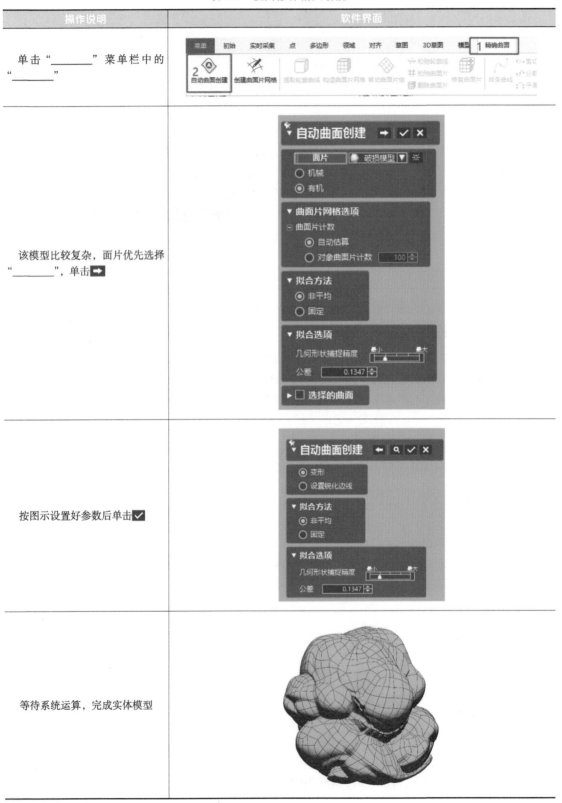
该模型比较复杂，面片优先选择"_____"，单击➡	
按图示设置好参数后单击✔	
等待系统运算，完成实体模型	

2. 根据逆向建模流程，进行误差分析，填写表3-7。

表 3-7 误差分析

操作说明	软件界面
单击_____下的_____	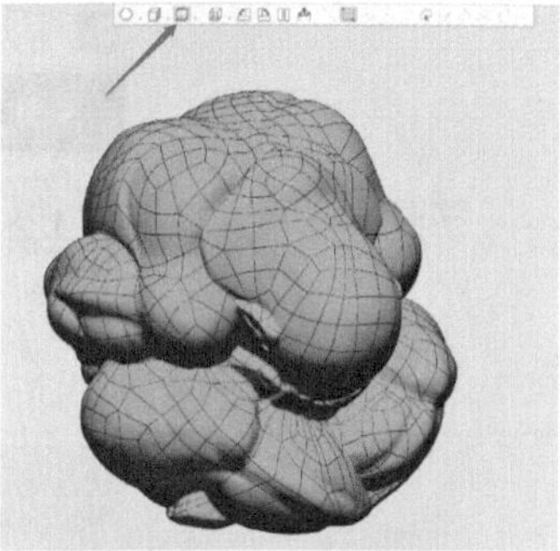
可以看出创建的模型与扫描出的模型的_____有多大	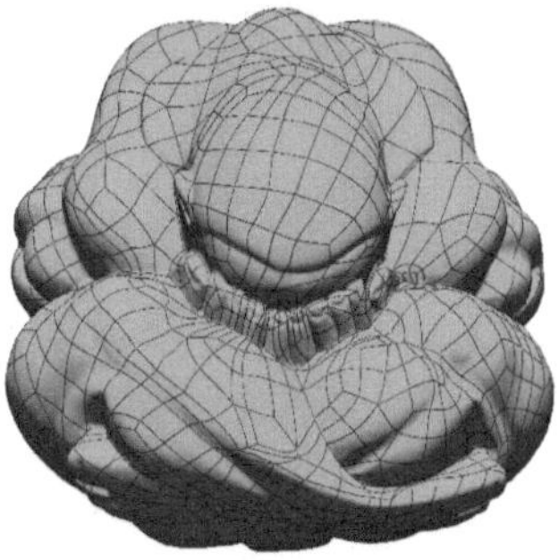
右侧图示的颜色框是调整模型尺寸的_____，模型建模超出设置的_____时，模型就会变颜色，区域偏_____色表示标准尺寸过大，区域偏_____色表示标准尺寸过小	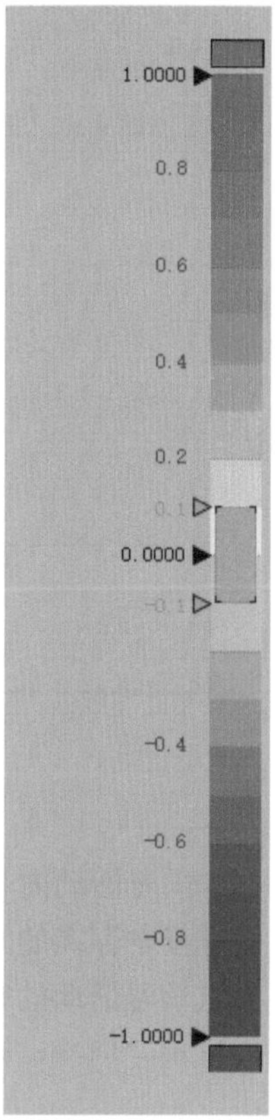

3. 根据逆向建模流程，输出文件，填写表 3-8。

表 3-8 输出文件

操作说明	软件界面
选择左上角的"_____"功能	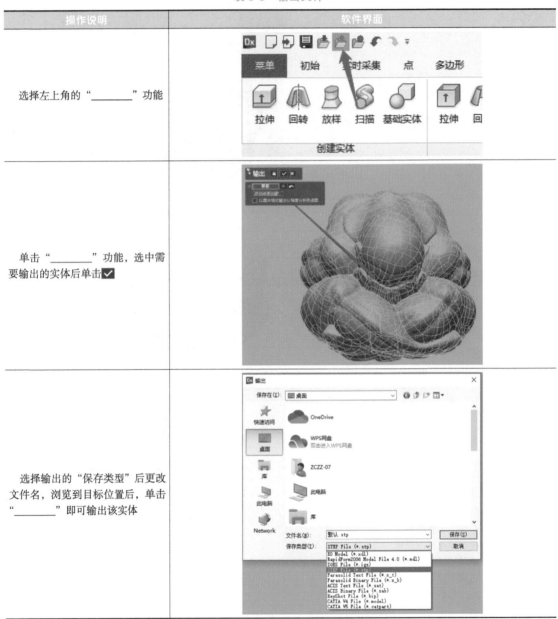
单击"_____"功能，选中需要输出的实体后单击☑	
选择输出的"保存类型"后更改文件名，浏览到目标位置后，单击"_____"即可输出该实体	

二、成果汇报

各小组按照要求，结合本学习活动内容完成以下任务：

1. 列出本学习活动执行过程中存在的问题和改进的方法。

2. 选出小组代表，汇报本学习活动的完成情况。

学习活动4 任务评价与总结

 学习目标

1. 能够正确使用本任务中介绍的修复操作方法。
2. 能够正确完成评分标准表。
3. 能够满足逆向建模修复的性能要求。
4. 能够判断并分析逆向建模修复不合格的原因。

 建议学时

2学时

 学习过程

一、任务实施

填写逆向建模修复的评分标准表(表3-9)。

表3-9 逆向建模修复的评分标准表

序号	评价项目	分值	评分标准	学生自评	小组互评	教师评价
1	特征完整性	5	特征是否完整			
2	坐标系对齐	5	是否完成坐标系对齐			
3	填孔功能	10	是否完整补齐孔洞			
4	导入STL格式文件	10	是否正确导入STL格式文件			
5	文件输出	10	是否正确输出文件			
6	自动拟合曲面功能	20	是否正确使用自动拟合曲面功能			
7	修补精灵功能	5	是否正确使用修补精灵功能			
8	职业素养	10	计算机摆放整齐、规范			
		10	工作服、工作帽、工作鞋是否穿戴规范			
		5	工作后是否清理现场			
		10	现场表现			
小计						
总分						

注:"总分"成绩计算按照"小计"中"学生自评"的20%、"小组互评"的30%、"教师评价"的50%进行综合计算。

二、清理现场、归置物品

良好的工作习惯是在工作过程中有意识地养成的,这一点对于具有良好职业素养的高技能人才尤其重要。请在下方空白处记录整理工作台、合理整齐摆放计算机等设备和保持实训室日常卫生等的操作。

工匠精神

观看视频《大国工匠：方文墨》《大国工匠：裴永斌》，进一步提升创新思维和创新意识，学习他们身上实事求是、一丝不苟和精益求精的工匠精神。

知识拓展

SLA 技术工作原理

SLA（Stereo Lithography Appearance）技术，简称 SL 技术。和其他光固化技术一样，SLA 也是通过逐层打印形成三维实体的。下面简要介绍一下 SLA 技术的特点。

SLA 技术使用的光源是紫外激光，通过旋转反射镜精确控制激光光斑扫描截面轮廓，完成一层固化后再固化下一层，这样层层叠加构成一个三维实体。

这种技术的主要优点是精度更高、打印质量更好，因为激光的运动精确度高，尺寸小，可以打印出更多的细节，实现高的分辨率。但是，其打印质量的提高是以降低打印速度为代价的，因此高精度打印时绘制每层可能会更加耗时。

任务4

铸造类零件的数据采集

 工作情境描述

客户要求对其公司加工出来的铸造类零件进行数据采集，现主管将该任务交给逆向工程小组，要求在规定时间内完成任务。

三维数据采集员从班组长处领取任务单并填写。根据任务要求，填写工作计划并制订工作方案。同时准备工具、耗材和软件等；以独立或小组的方式完成铸造类零件的数据采集。完成后进行技术指标自检，打包上传铸造类零件的数字化数据，交付主管检查验收。

 学习目标

通过本任务的学习，学生应当能够：
1. 正确安装扫描仪。
2. 熟悉手持式扫描仪的软件界面。
3. 使用扫描仪进行零件数据采集。
4. 操作扫描仪的软件进行数据的检测分析。
5. 完成任务评价与总结。

 素养目标

自行搜索学习劳动模范许振超的事迹，树立正确的价值观和人生观。

 建议总学时

20学时

学习活动1　明确任务要求并制订工作计划

 学习目标

1. 能够阐述光学扫描仪的种类与区别。

2. 能够正确填写铸造类零件三维扫描任务单。

3. 能够制订铸造类零件的数据采集工作计划。

4. 能够明确铸造类零件数据采集工艺。

5. 能够正确安装扫描仪。

铸造类零件模型

 建议学时

3 学时

 学习过程

一、领取任务单与铸造类零件实物

1. 领取并填写铸造类零件三维扫描任务单 (表 4-1)。

表 4-1　铸造类零件三维扫描任务单

单位名称				工期	2 周
开单部门				单号	
开单人		接单人		开单时间	
序号	产品名称	数量	技术标准和质量要求		三维扫描
1	铸造类零件	1 件	按图样要求		

2. 领取铸造类零件实物，如图 4-1 所示。

图 4-1　铸造类零件实物

二、制订工作计划

1. 查阅资料，开展小组讨论，列举铸造类零件的三维扫描及数据采集的操作步骤，填写在下方空白处。

2. 经过以上步骤的分析，请在小组间讨论分析零件的扫描工艺，填写在下方空白处。

3. 在小组内开展计划研讨，确定铸造类零件三维扫描及数据采集的最终步骤，请以思维导图等形式填写在下面空白处。

4. 小组讨论，制订铸造类零件的数据采集工作计划，填写表 4-2。

表 4-2　铸造类零件的数据采集工作计划

步骤	工作计划	时　间
1		
2		
3		
4		
5		
6		
7		
8		
9		
10		

5. 上网查阅资料，搜集光学扫描仪的种类与特点，填写在下方空白处。

6. 本次任务中将用到的扫描仪如图 4-2 所示。

（1）扫描仪　本次任务中所采用的是 FreeScan Combo EP 工业级多功能手持三维扫描仪，该扫描仪具有两种光源，四种扫描模式，稳定高精度，适合多行业下全尺寸检测。

（2）产品特点

1）双重光源组合：如图 4-3 所示，该扫描仪的光源为蓝色激光与 VCSEL 红外两种光源的组合，能提供四种扫描模式，可适用多种扫描场景。

2）稳定计量精度：该扫描仪的精度最高可达 0.017mm，满足工业测量需求。精度稳定，多次测量结果一致性高，如图 4-4 所示。

图 4-2　手持三维扫描仪

图 4-3　双重光源组合

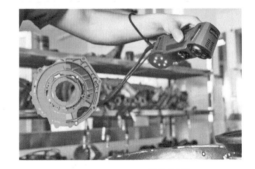

图 4-4　稳定计量精度

3）适应狭小空间：该扫描仪适于在狭小空间工作，同时其镜头夹角也经过了优化，能够获取完整窄缝、深孔的数据，如图 4-5 所示。

4）教学适用性强：该扫描仪便携易用，适应各类应用场景，如图 4-6 所示。

图 4-5　适应狭小空间

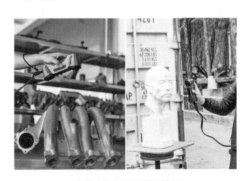

图 4-6　教学适用性强

7. 上网查阅资料，搜集为什么需要进行扫描仪的标定，填写在下方空白处。

8. 请查阅资料，确定扫描前是否需要对待扫描零件进行表面处理。如果需要，请在小组讨论后，将零件表面处理的注意事项填写在下方空白处。

9. 数据采集前需要准备的工具（表4-3），请填写各工具的名称。

表4-3 准备工具

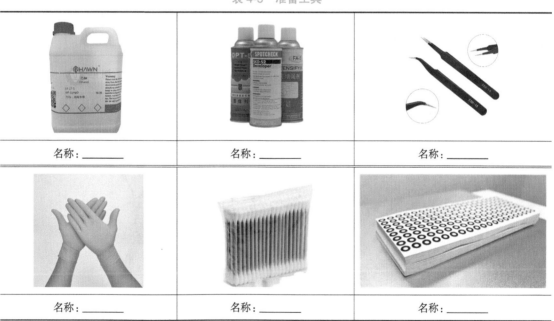

名称：_____	名称：_____	名称：_____
名称：_____	名称：_____	名称：_____

三、成果汇报

各小组按照要求，结合本学习活动内容完成以下任务：

1. 列出本学习活动执行过程中存在的问题和改进的方法。

2. 选出小组代表，汇报本学习活动的完成情况。

学习活动 2　零件数据采集

 学习目标

1. 熟悉手持式扫描仪的软件界面。
2. 能够完成手持式扫描仪的标定。
3. 能够选用正确方式对零件表面进行预处理。
4. 能够理解标记点的原理并学会其使用方法。
5. 能够完成铸造类零件的数据采集。
6. 能够完成数据采集并进行有效封装与输出。

铸造类零件
的数据采集

 建议学时

10 学时

 学习过程

一、任务实施

1. 思考如何安装扫描仪，填写扫描仪安装流程（表 4-4）。

表 4-4　扫描仪安装流程

操作说明	图　　示
打开扫描仪包装，里面有_____、_____、_____、_____ 和 _____	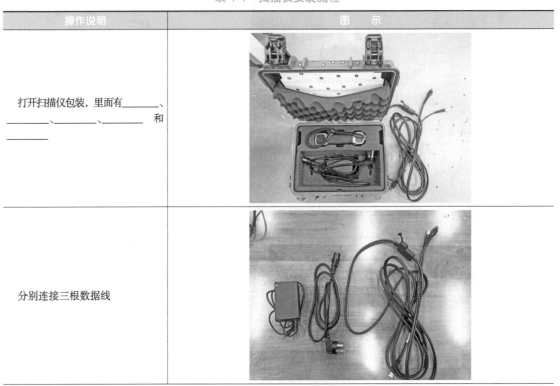
分别连接三根数据线	

（续）

操作说明	图 示
按右侧图示连接转接头 1	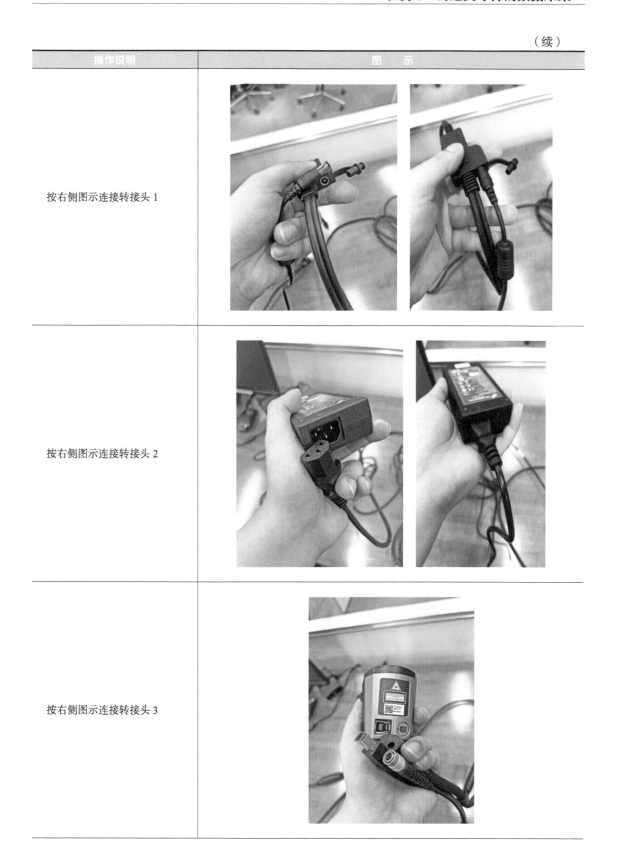
按右侧图示连接转接头 2	
按右侧图示连接转接头 3	

（续）

操作说明	图　示
将 USB 插口插入计算机主机	
将三线插头插入插座	
扫描仪安装完成	

2. 了解软件界面，填写表4-5。

表 4-5 软件界面

操作说明	软件界面
初始界面	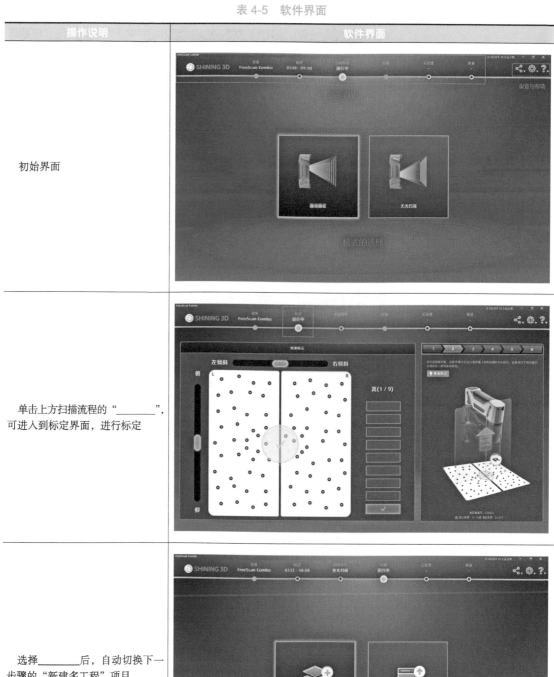
单击上方扫描流程的"_____"，可进入到标定界面，进行标定	
选择_____后，自动切换下一步骤的"新建多工程"项目	

（续）

操作说明	软件界面
扫描工作界面	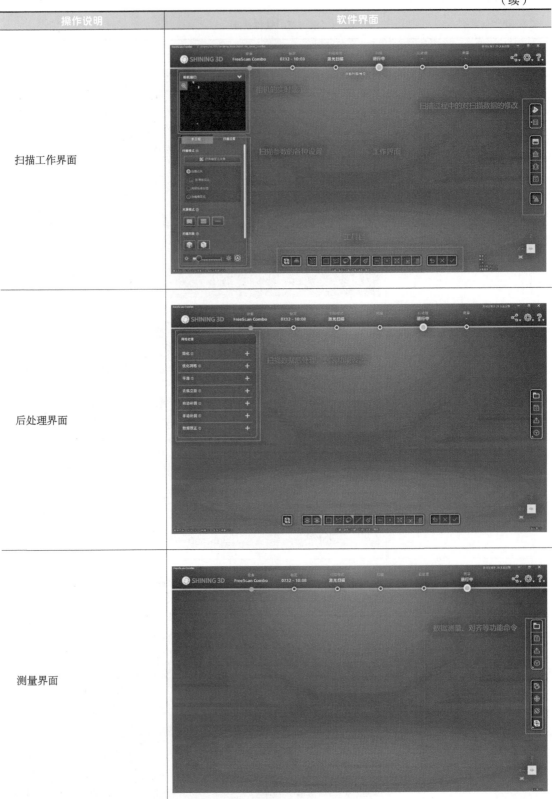
后处理界面	
测量界面	

3. 了解扫描仪各操作按键的功能，填写表 4-6。

表 4-6 扫描仪操作按键

操作说明	图 示
扫描仪操作按键的功能	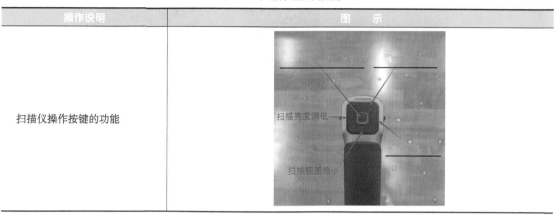

4. 了解扫描仪的标定，填写表 4-7。

表 4-7 扫描仪的标定

操作说明	图 示
选择"_____"模式	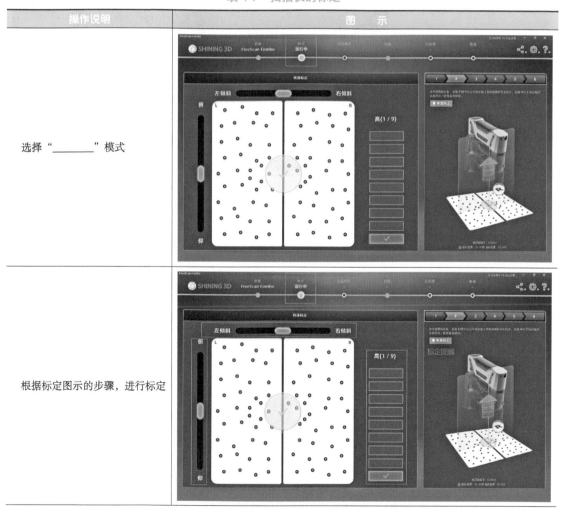
根据标定图示的步骤，进行标定	

（续）

操作说明	图 示
根据标定图示的步骤，进行标定	
标定成功	

5. 了解扫描仪的扫描过程，填写表4-8。

表4-8 扫描过程

操作说明	图 示
在待扫描的位置贴上标记点，＿＿＿＿＿＿的位置排列不可太规整，标记点之间不可太接近也不可太远	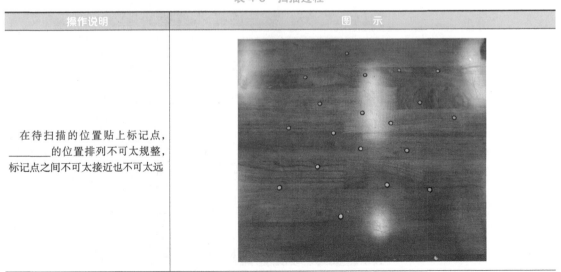

（续）

操作说明	图　示
将待扫描的工件放在标记点群的中间	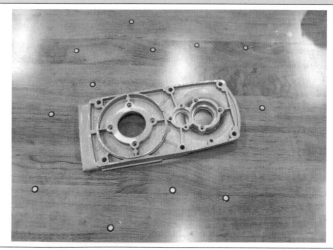
选择"＿＿＿＿"，打开"＿＿＿＿＿"，设置好扫描参数后开始扫描	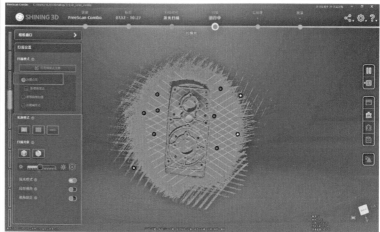
扫描过程中可根据扫描仪按键处的灯光提示，调整扫描仪与扫描零件的距离。＿＿＿＿色灯光表示距离最佳；＿＿＿＿色灯光表示距离较远；红黄色灯光表示距离较近	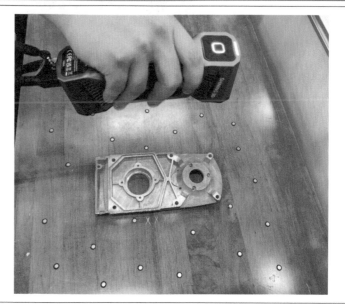

（续）

操作说明	图　示
零件的第一面扫描完成后，按下"暂停键"，进行扫描数据的筛选，删除不需要的扫描数据	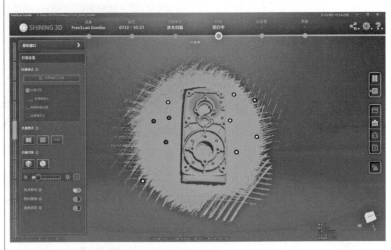
使用"选择"工具，按住键盘上的〈_____〉键，用鼠标框选需要删除的元素	
选择删除数据功能或者按键盘上的〈Delete〉键	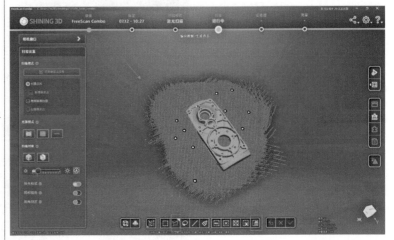

（续）

操作说明	图　示
删除不需要的扫描数据后，第一面的数据采集完毕，接下来需要扫描第二面的数据，根据图示新建第二个项目	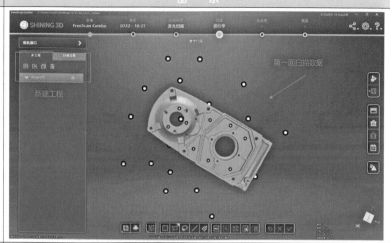
将扫描零件翻转过来，重复上述步骤，采集第二面的数据	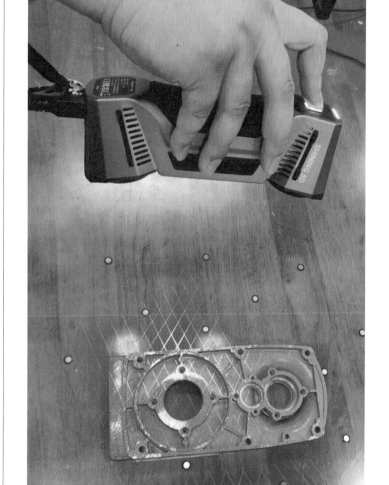

（续）

操作说明	图　示
第二面的数据采集完成	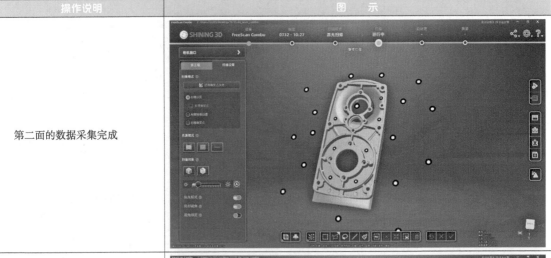
因为第一面与第二面的连接面采集得较少，所以还需要创建第三个项目来扫描它们连接面的特征	
使用夹具或者橡皮泥等支撑起扫描零件，这种摆放方式能更好地扫描连接面的特征	

（续）

操作说明	图　　示
扫描连接面	
采集到连接面的扫描数据	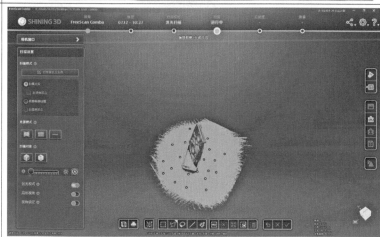

（续）

操作说明	图　示
删除不需要的数据，只留下需要的连接面的数据	
单击界面右侧的图示位置的"＿＿＿＿"功能	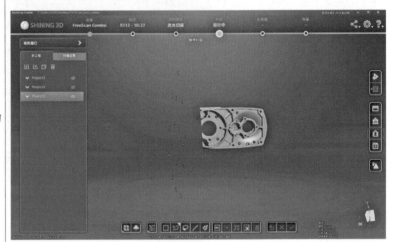
固定窗口中选择项目（Project）1，在浮动窗口中选择项目（Project）3（连接面）并单击"应用"	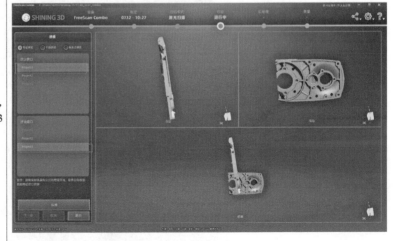

（续）

操作说明	图 示
项目（Project）1与项目（Project）3拼接完成后，成为组1	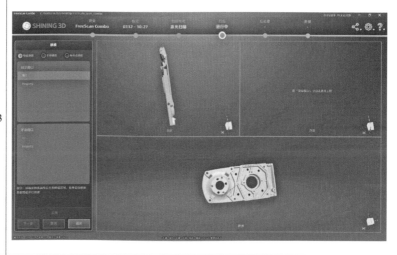
固定窗口选择组1，浮动窗口选择项目（Project）2并单击"应用"	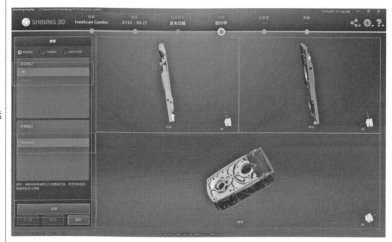
拼接成功后，单击"退出"	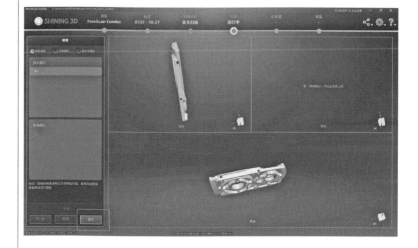

（续）

操作说明	图　示
拼接成功后，观察模型是否拼接正确，如果正确则单击界面右下方的"＿＿＿＿"	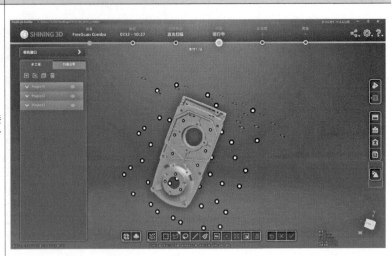
按需设置优化网格参数后单击"应用"	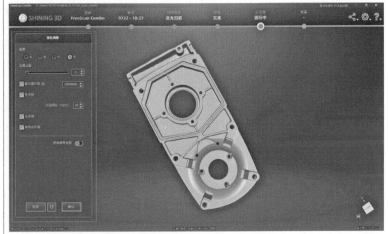
扫描数据优化完成后，观察模型是否还有破损或多余杂点，如果没有就单击"确认"	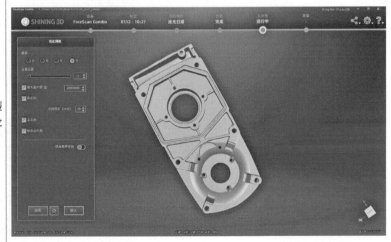

（续）

操作说明	图 示
网格优化完成后，便可保存数据	
选择合适的保存路径，更改文件名后单击"保存"	
完成铸造类零件扫描数据	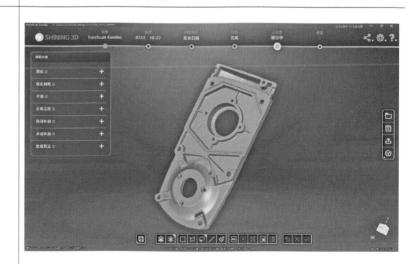

二、成果汇报

各小组按照要求，结合本学习活动内容完成以下任务：

1. 列出本学习活动执行过程中存在的问题和改进的方法。

2. 选出小组代表，汇报本学习活动的完成情况。

学习活动 3 零件测量分析

学习目标

1. 能够认识手持式扫描仪的软件测量界面。

2. 能够使用软件测量命令进行基准点、线、面的创建。

3. 能够使用软件测量命令进行尺寸的测量。

4. 能够使用软件测量命令进行坐标系对齐。

建议学时

5 学时

学习过程

一、任务实施

1. 认识扫描仪软件的测量界面（图 4-7）。

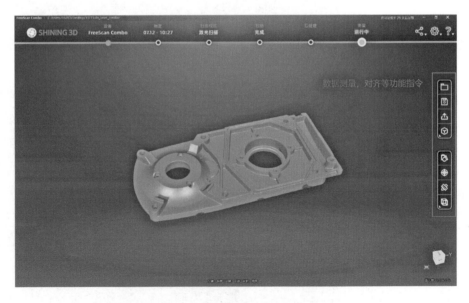

图 4-7 扫描仪软件的测量界面

2. 创建基准点、线、面，填写表4-9。

表 4-9　创建基准点、线、面

操作说明	图　示
单击界面右下方的"_____"，选择"基准点的创建"	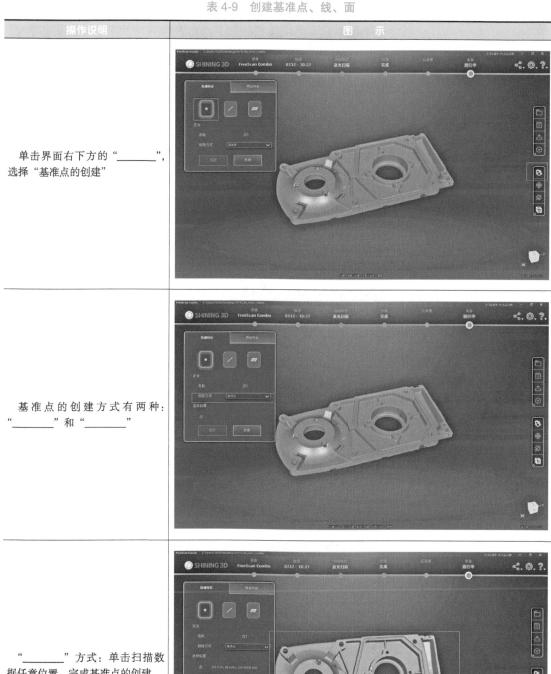
基准点的创建方式有两种："_____"和"_____"	
"_____"方式：单击扫描数据任意位置，完成基准点的创建	

（续）

操作说明	图　示
"_____"方式：选择一条直线和一个平面，由系统计算相交的位置，完成基准点的创建	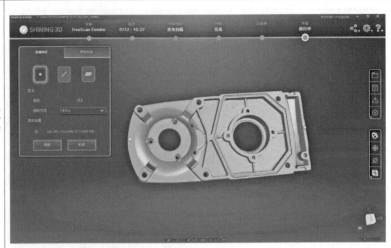
基准线的创建方式有两种，一种是"_____"，选择两个点，完成基准线的创建	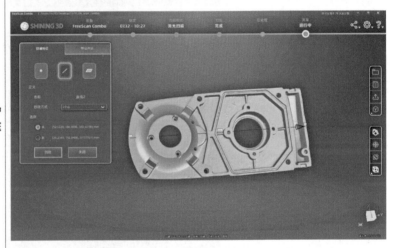
另一种是"_____"方式，选择两个平面，完成基准线的创建	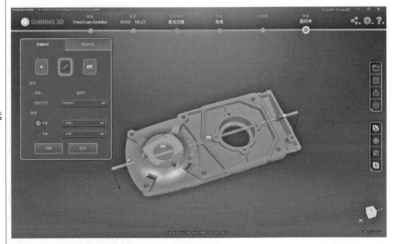

（续）

操作说明	图　示
基准面的创建方式有三种： "＿＿＿＿＿"方式、"＿＿＿＿＿"方式和"＿＿＿＿＿"方式（这里只介绍前两种创建方式）	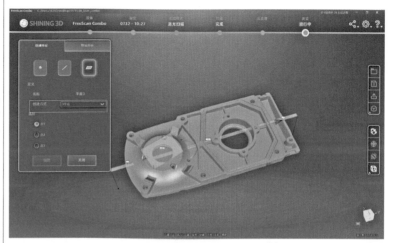
"＿＿＿＿＿"方式：在需要创建基准面的特征上分别单击三个点，即可完成基准面的创建	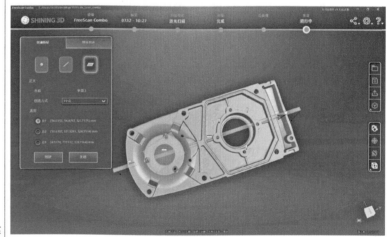 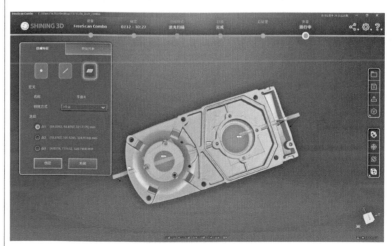

（续）

操作说明	图　示
"＿＿＿＿"方式：选择一条直线和一个点，完成基准面的创建	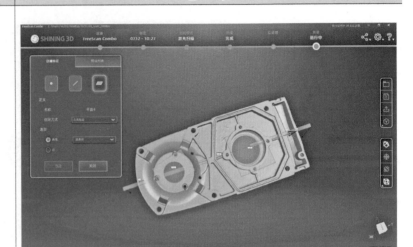 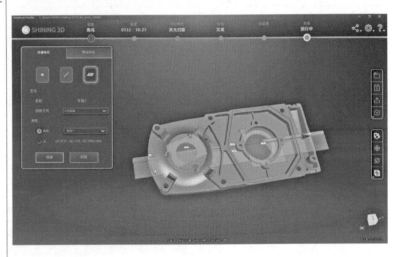
在特征列表里，可以删除多余创建的元素	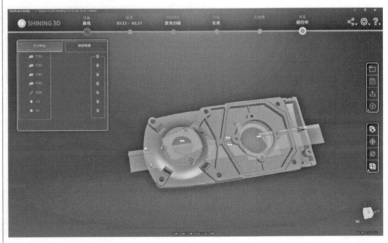

3. 在扫描软件中使用命令测量距离，填写表 4-10。

表 4-10 测量距离

操作说明	图　示
单击界面右下方的"＿＿＿＿"，选择基准点的创建	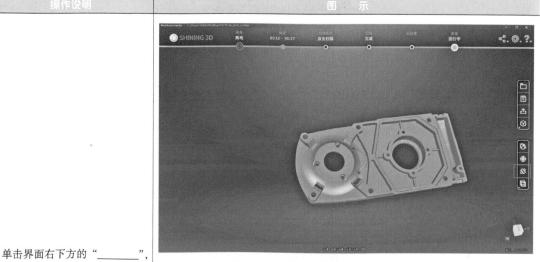 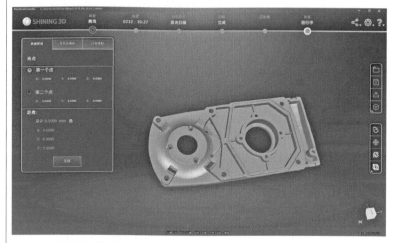
单击需要测量的特征，完成第一个点的创建	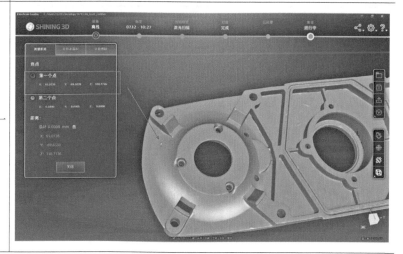

（续）

操作说明	图 示
单击另一处特征，完成第二个点的创建，测量出两点之间的距离	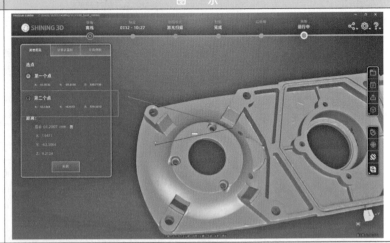
"_____"：在界面下方的工具栏中选择"笔刷"工具，选择需要测量表面积的特征表面，系统会自动计算所选区域的表面积	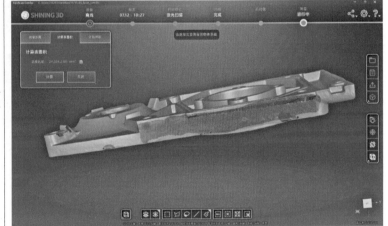

4.使用命令进行坐标系对齐，填写表 4-11。

表 4-11　坐标系对齐

操作说明	图 示
单击界面右下方的"_____"，坐标系对齐有三种创建方式："_____"方式、"_____"方式和"_____"方式	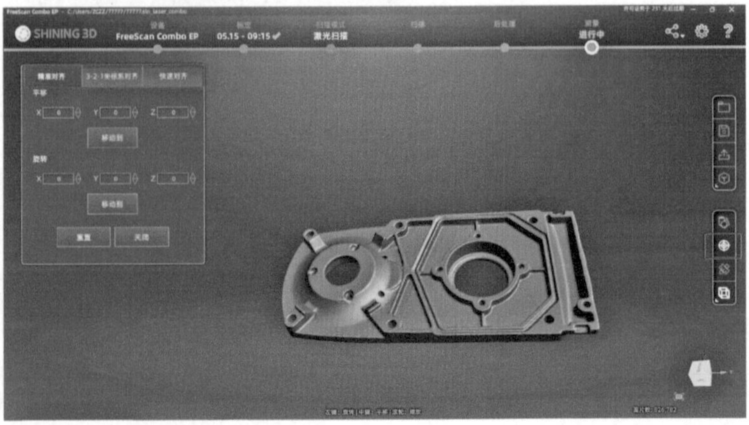

（续）

操作说明	图示
"精准对齐"方式	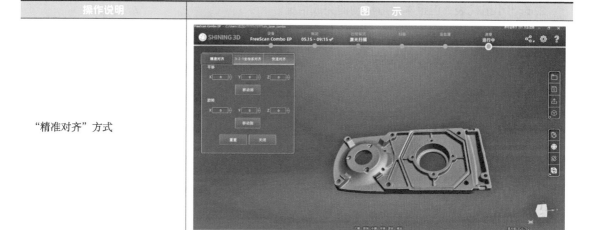
"3-2-1坐标系对齐"方式	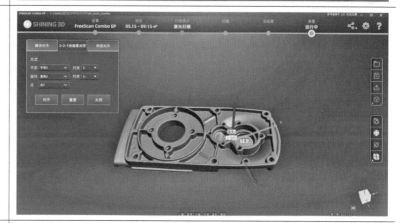
"快速对齐"方式	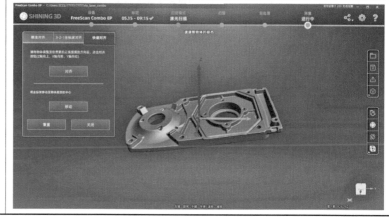

二、场地清理

扫描测量完成，设备保养完毕，按照车间规定整理场地，保持场地整洁。

三、成果汇报

各小组按照要求，结合本学习活动内容完成以下任务：

1. 列出本学习活动执行过程中存在的问题和改进的方法。
2. 选出小组代表，汇报本学习活动的完成情况。

学习活动 4 任务评价与总结

 学习目标

1. 能够选择正确的方法检测扫描采集数据。
2. 能够满足三维扫描的基本要求。
3. 能够判断并分析数据采集检测不合格的原因。

 建议学时

2 学时

 学习过程

一、任务实施

填写铸造类零件数据采集的评分标准表（表 4-12）。

表 4-12　铸造类零件数据采集的评分标准表

序号	评价项目	分值	评分标准	学生自评	小组互评	教师评价
1	扫描仪标定	10	是否完成扫描前标定			
2	零件的表面处理	25	扫描前零件是否进行表面处理，零件上每处不整洁扣 5 分，最多扣 25 分			
3	特征完整性	20	完整、正确地扫描零件的各个特征，若不满足则每处扣 4 分，最多扣 20 分			
4	细节特征	8	零件上是否有多余碎片，若有则每处扣 2 分，最多扣 8 分			
5	封装 STL	2	是否完成对扫描数据进行封装处理			
6	职业素养	5	工具分区摆放			
		5	工具摆放整齐、规范、不重叠			
		5	量具摆放整齐、规范、不重叠			
		5	防护佩戴规范			
		5	工作服、工作帽、工作鞋穿戴规范			
		5	加工后清理现场、清洁及其他			
		5	现场表现			
小计						
总分						

注："总分"成绩计算按照"小计"中"学生自评"的 20%、"小组互评"的 30%、"教师评价"的 50% 进行综合计算。

二、清理现场、归置物品

1. 良好的工作习惯是在工作过程中有意识地养成的，这一点对于具有良好职业素养的高技能人才尤其重要。请在下方空白处记录整理工作台、合理整齐摆放工具与量具和日常维护保养设备等的操作。

2. 本任务所用手持式扫描仪的日常维护保养工作有哪些，请在下方空白处记录。

三、铸造类零件的数据采集工作小结

 工匠精神

学习劳动模范许振超的事迹，树立正确的价值观和人生观，提升学习的主动性。

知识拓展

拍照式三维扫描仪的原理

拍照式三维扫描仪因其扫描原理类似于照相机而得名，是为满足工业设计行业应用需求而研发的产品。它集高速扫描与高精度优势于一身，可按需求自由调整测量范围，其测量范围小到小型零件，大到车身整体，具备极高的性价比。拍照式三维扫描仪正广泛应用于工业设计行业中。

任务5

复合型零件的数据采集

 工作情境描述

客户要求对复合型零件进行数据采集，现主管将该任务交给逆向工程小组，要求在规定时间内完成任务。

三维数据采集员从班组长处领取任务单并填写。根据任务要求，填写工作计划并制订工作方案。同时准备工具、耗材和软件等，以独立或小组的方式完成复合型零件的数据采集。完成后进行技术指标自检，打包上传复合型零件的数字化数据，交付主管检查验收。

 学习目标

通过本任务的学习，学生应当能够：

1. 熟练使用手持式扫描仪的各种模式。
2. 制订复合型零件的扫描工艺。
3. 独立完成复合型零件的数据采集。
4. 完成扫描数据的后处理。
5. 完成任务评价与总结。

 素养目标

自行搜索观看《厉害了，我的国》，增强民族自信、文化自信。

 建议总学时

20 学时

学习活动 1 明确任务要求并制订工作计划

 学习目标

1. 能够阐述扫描数据拼接的原理。

2. 能够正确填写复合型零件三维扫描任务单。

3. 能够制订复合型零件扫描工艺。

4. 能够正确完成扫描仪的标定。

5. 掌握复合型零件数据采集方法。

复合型零件模型

 建议学时

2 学时

 学习过程

一、领取任务单与零件模型

1. 领取并填写复合型零件三维扫描任务单（表 5-1）。

表 5-1　复合型零件三维扫描任务单

单位名称				工期	2 周
开单部门				单号	
开单人		接单人		开单时间	
序号	产品名称	数量	技术标准和质量要求		三维扫描
1	复合型零件	1 件	按图样要求		

2. 领取复合型零件实物，如图 5-1 所示。

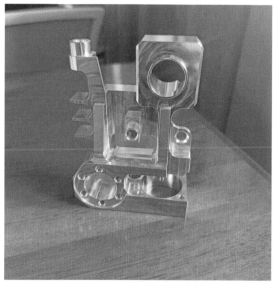

图 5-1　复合型零件实物

二、制订工作计划

1. 请在小组间讨论分析零件的扫描工艺，填写在下方空白处。

2. 小组讨论，确定复合型零件三维扫描及数据采集的最终步骤，请以思维导图等形式填写在下面空白处。

3. 通过小组讨论，制订复合型零件的数据采集工作计划，填写表 5-2。

表 5-2　复合型零件的数据采集工作计划

步骤	工作计划	时间
1		
2		
3		
4		
5		
6		
7		
8		
9		
10		

4.上网查阅资料，了解什么时候需要对扫描零件的表面进行遮光处理，并填写在下面空白处。

5.这款扫描仪的扫描模式有哪些？请查阅资料并填写在下方空白处。

6.上网查阅资料，搜集该扫描仪如何切换扫描模式，并填写在下方空白处。

7.请查阅资料，搜集扫描前需要对扫描零件进行表面处理的步骤，经过小组讨论，将讨论意见填写在下方空白处。

三、成果汇报

各小组按照要求，结合本学习活动内容完成以下任务：

1.列出本学习活动执行过程中存在的问题和改进的方法。

2.选出小组代表，汇报本学习活动的完成情况。

学习活动2　制订扫描工艺并进行扫描预处理

 学习目标

1.能够了解并正确选用手持式扫描仪的扫描模式。

2.能够分析复合型零件的摆放角度与扫描特性。

3.能够选择正确方式对零件表面进行扫描预处理。

4.能够独立制订复合型零件的扫描工艺。

建议学时

6 学时

学习过程

一、任务实施

1. 参考复合型零件的扫描流程，制订其扫描工艺（见表 5-3）。

表 5-3　复合型零件的扫描流程

序号	扫描流程
1	通过观察可知零件类型为复合型零件，了解零件特征有哪些
2	因零件特征较多，故采用拼接扫描
3	仔细观察零件表面是否有毛刺及油污等污染物，使用工具去除毛刺，使用无尘纸擦拭零件表面
4	在扫描的区域贴上标记点
5	拿出标定板，对扫描仪进行标定，检查精度合格后开始扫描，不合格则需重新标定
6	由于零件为铝合金制机加工零件，表面粗糙度值较小，并且零件表面会反光，所以需要在其表面喷涂显像剂
7	开始扫描，使用"快速扫描模式"，并开启"强光模式"
8	对于复合型零件的某些深孔特征，使用"深孔模式"进行扫描
9	对于细小特征，使用"精细模式"进行扫描
10	对零件进行翻转，扫描第二面
11	根据特征切换合适的扫描模式
12	使用工具将零件竖直摆放，扫描第一、二面的连接面
13	扫描完成后进行拼接
14	拼接完成后进行数据后处理，处理完成后导出模型文件

扫描工艺：

2. 通过表 5-4 了解软件的扫描模式。

表 5-4　扫描模式

操作说明	图　示
"_____ 模式"	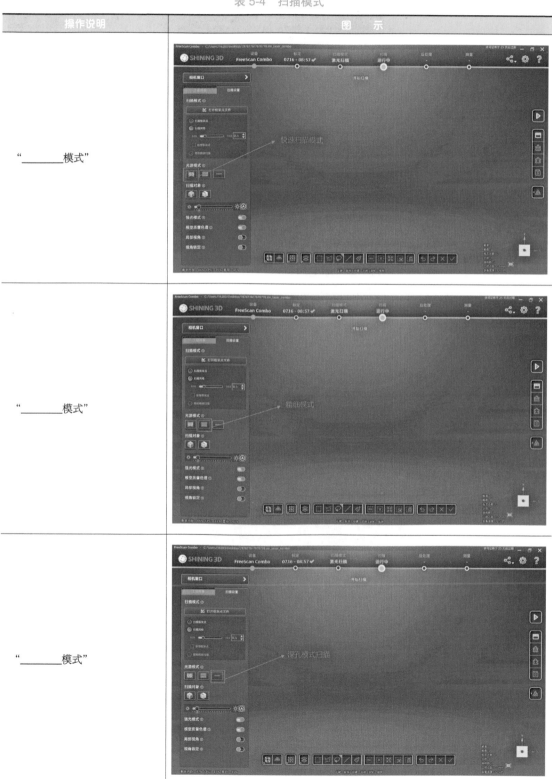
"_____ 模式"	
"_____ 模式"	

（续）

操作说明	图　示
打开"_____模式"，可提高反光件、透光件的扫描效率	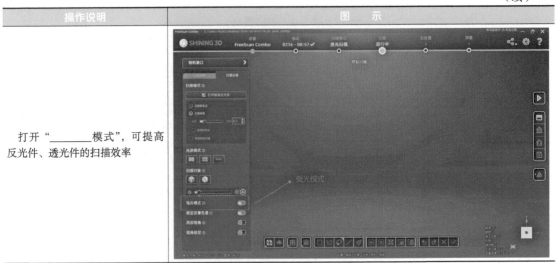

3. 根据图 5-2，独立完成表面预处理工作。

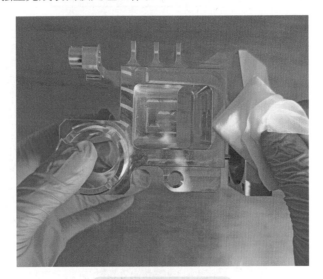

图 5-2　表面预处理工作

4. 了解扫描零件表面的遮光处理工艺（图 5-3）。

黑色表面　　　　　　　高亮表面

图 5-3　扫描零件表面的遮光处理工艺

1）黑色表面的物体吸收光，对光的反射率很低。对于黑色表面的物体，若在不喷粉的情况下，物体表面不满足反射要求，会导致扫描仪无法得到扫描数据并建立三维模型。

2）当光线照射到透明材质的物体表面时会直接穿过零件，无法反射，因此扫描仪也无法获取零件表面的三维数据。

3）反光材质、高亮表面的零件会以集中的方式反射，而不是以扩散的方式反射。这就意味着光束传到扫描仪反射器的概率大大降低，导致三维扫描仪只能捕获一小部分反射光束。

总的来说，显像剂的作用是在被扫描零件表面附着一层白色的粉末，改变工件的表面属性，有助于扫描仪获取高质量的三维数据。

5.学习使用扫描显像剂喷粉的方法。

（1）操作流程

1）使用前，请先摇_____喷粉。

2）喷粉时，在距离物体_____cm处，长按喷嘴匀速经过零件表面，来回喷涂直至覆盖整个零件（喷涂过程尽量不触碰零件，以免影响喷涂效果）。

3）喷涂完成后，请确保显像剂均匀覆盖零件，表面_____。

（2）注意事项

1）推荐_____色显像剂，即时性喷雾剂，扫描后可自动挥发，在工件表面无着色污染。

2）使用前先摇匀，避免粉末颗粒状堆积影响_____。

3）喷涂距离不宜_____，喷涂尽量均匀，不要喷得太多，也不要因喷涂缺漏而带来表面处理误差。

4）不可对人体进行喷涂，皮肤一般可直接扫描，若确有需要可以使用适量_____。

6.喷粉流程见表5-5，能独立进行扫描零件表面进行遮光处理。

表5-5 喷粉流程

操作说明	图 示
使用前先摇匀，避免粉末颗粒状堆积影响扫描精度，喷涂距离不宜过近，喷涂尽量均匀，不要喷得太多	

（续）

操作说明	图　示
在扫描零件表面均匀覆盖显像剂	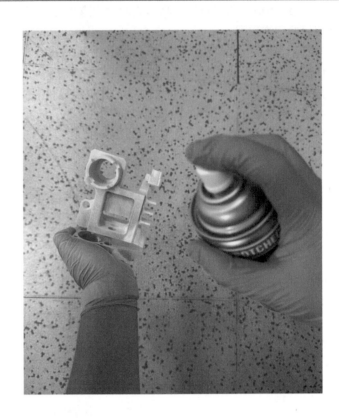
显像剂喷涂好后，将零件放置在扫描区域内	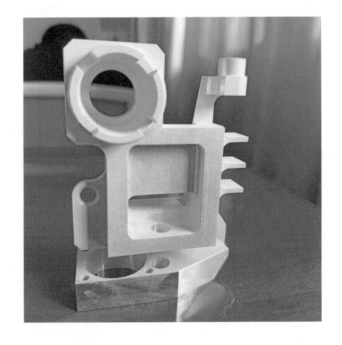

二、成果汇报

各小组按照要求，结合本学习活动内容完成以下任务：

1. 列出本学习活动执行过程中存在的问题和改进的方法。

2. 选出小组代表，汇报本学习活动的完成情况。

学习活动 3　三维数据采集

学习目标

1. 能够熟练使用手持式扫描仪进行高速扫描。
2. 能够熟练使用手持式扫描仪进行深孔扫描。
3. 能够熟练使用手持式扫描仪进行精细扫描。
4. 能够分析复合型零件的摆放角度与扫描特性。
5. 能够独立完成复合型零件的数据采集。

复合型零件的
数据采集

建议学时

10 学时

学习过程

一、任务实施

根据表 5-6 独立进行复合型零件三维数据采集。

表 5-6　复合型零件三维数据采集流程

操作说明	图　　示
选择"_____"	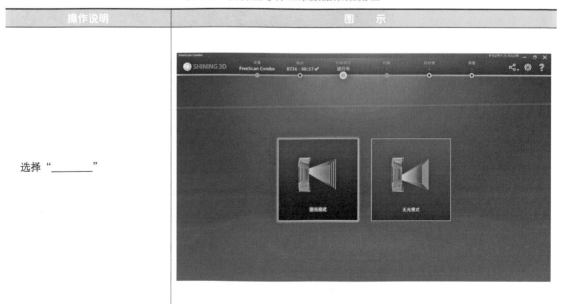

（续）

操作说明	图　　示
载入扫描中	
选择"＿＿＿＿＿"	
选择合适的保存路径	

（续）

操作说明	图 示
选择"_____"	
使用扫描仪采集数据	 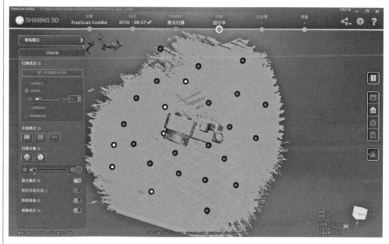

（续）

操作说明	图　示
改变扫描仪的扫描角度，采集各个特征的扫描数据	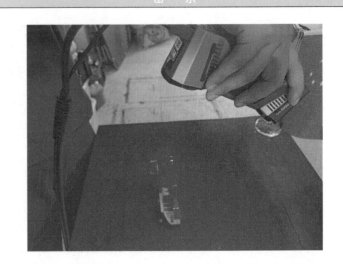
暂停扫描	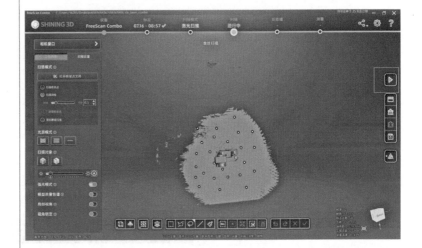
使用"选择"工具，选择并删除多余的扫描数据	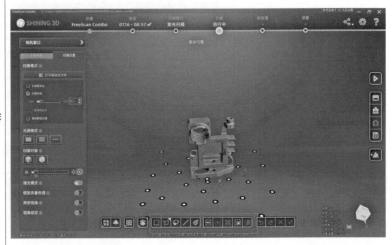

（续）

操作说明	图　示
使用"选择"工具，选择并删除多余的扫描数据	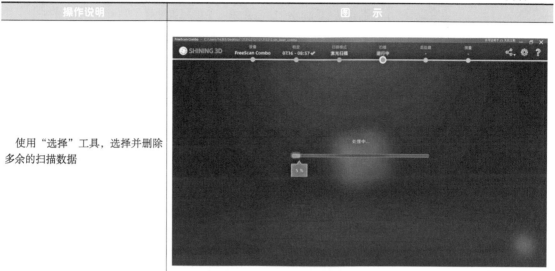
第一面的扫描数据采集完成，在工程列表中新建项目（Project）2	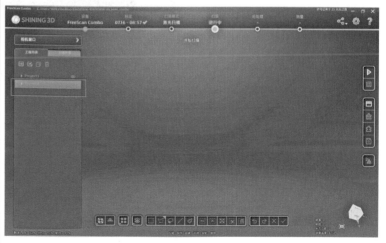

（续）

操作说明	图 示
将扫描零件翻转过来，使用扫描仪采集第二面的数据	 
先使用"快速扫描模式"，采集第二面的基本扫描数据	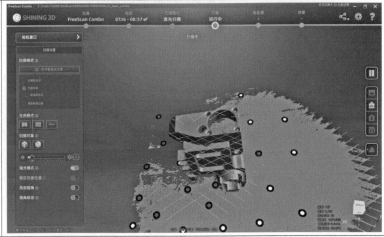

（续）

操作说明	图　　示
使用"＿＿＿＿模式"，扫描零件的深孔特征	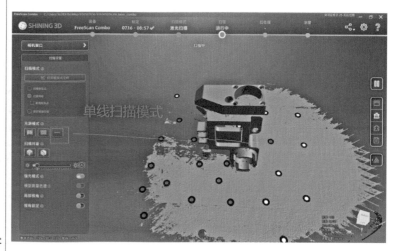
使用"＿＿＿＿模式"	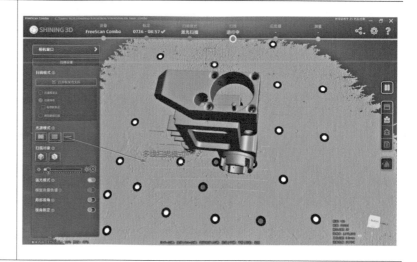

（续）

操作说明	图　　示
使用"_____模式"采集零件数据	
使用"选择"工具，选择并删除多余的扫描数据	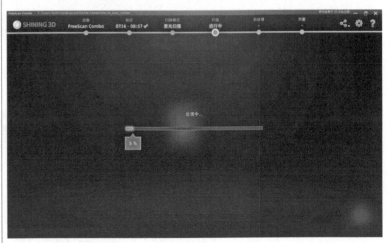

（续）

操作说明	图　示
单击"_____"功能，固定窗口选择项目（Project）1，浮动窗口选择连接面的项目（Project）2并单击"应用"，并进行拼接	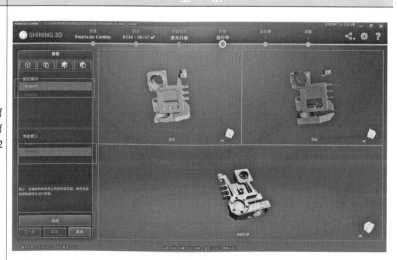
对拼接成功的扫描数据进行"优化网格"处理	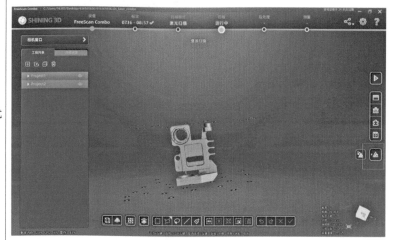
设置好"优化网格"参数并单击"应用"	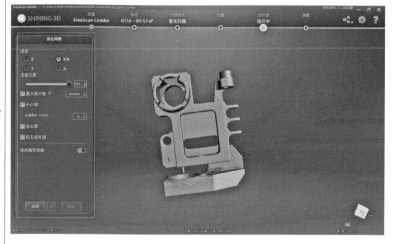

（续）

操作说明	图 示
设置好"优化网格"参数并单击"应用"	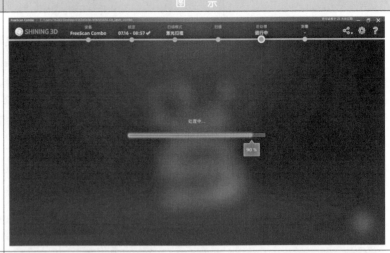
"优化网格"完成后，单击"保存数据"，并选择合适的保存路径	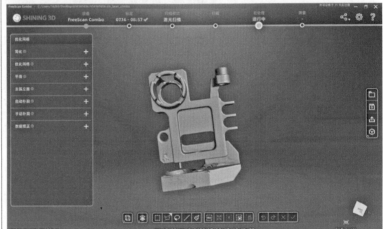
复合型零件的扫描数据采集完成后，在逆向建模软件中打开复合型零件的 STL 数据，并进行封装	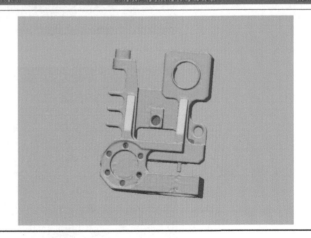

二、场地清理

数据采集完成，设备保养完毕，按照车间规定整理场地，保持场地整洁。

三、成果汇报

各小组按照要求，结合本学习活动内容完成以下任务：

1. 列出本学习活动执行过程中存在的问题和改进的方法。
2. 选出小组代表，汇报本学习活动的完成情况。

学习活动4 任务评价与总结

学习目标

1. 能够选择正确的方法检测扫描采集数据。
2. 能够满足三维扫描的基本要求。
3. 能够判断并分析检测不合格的原因。

建议学时

2学时

学习过程

一、任务实施

填写复合型零件数据采集的评分标准表（表5-7）。

表5-7　复合型零件数据采集的评分标准表

序号	评价项目	分值	评分标准	学生自评	小组互评	教师评价
1	扫描仪标定	10	是否完成扫描前标定			
2	零件的表面处理	25	扫描前零件是否进行表面处理，零件上每处不整洁扣5分，最多扣25分			
3	特征完整性	20	完整、正确地扫描零件的各个特征，若不满足则每处扣4分，最多扣20分			
4	细节特征	8	零件上是否有多余碎片，若有则每处扣2分，最多扣8分			
5	封装STL	2	是否完成对扫描数据进行封装处理			
6	职业素养	5	工具分区摆放			
		5	工具摆放整齐、规范、不重叠			
		5	量具摆放整齐、规范、不重叠			
		5	防护佩戴规范			
		5	工作服、工作帽、工作鞋穿戴规范			
		5	加工后清理现场、清洁及其他			
		5	现场表现			
	小计					
	总分					

注："总分"成绩计算按照"小计"中"学生自评"的20%、"小组互评"的30%、"教师评价"的50%进行综合计算。

二、清理现场、归置物品

良好的工作习惯是在工作过程中有意识地养成的，这一点对于具有良好职业素养的高技能人才尤其重要。请在下方空白处记录整理工作台、合理整齐摆放工具与量具和日常维护保养设备等的操作。

三、复合型零件的数据采集工作小结

 工匠精神

观看视频《厉害了，我的国》，增强民族自信、文化自信，树立远大的理想和抱负。

知识拓展

三维激光扫描技术概述

三维激光扫描技术出现于 20 世纪 90 年代中期，是继 GPS（全球定位系统）之后新突破的一项测绘技术。这种技术通过高速激光扫描测量，大面积高分辨率地快速获取被测对象表面的三维坐标数据，可以快速、大量地采集空间点位信息，为快速建立物体的三维影像模型提供了一种全新的技术手段。该技术具有快速、不接触、实时、动态、主动、高密度、高精度、数字化和自动化等特性。

任务6

注塑类零件的数据采集与逆向建模

 工作情境描述

客户要求对注塑类零件进行数据采集与逆向建模，现主管将该任务交给逆向工程小组，要求在规定时间内完成任务。

三维数据采集员从班组长处领取任务单并填写。根据任务要求，填写工作计划并制订工作方案。同时准备工具、耗材和软件等，以独立的方式或小组的方式完成注塑类零件的数据采集与逆向建模，完成后进行技术指标自检，打包上传注塑类零件的数字化数据，交付主管检查验收。

 学习目标

通过本任务的学习，学生应当能够：

1. 熟练进行手持式扫描仪的维护与保养。
2. 独立制订注塑类零件的数据采集流程。
3. 熟练对注塑类零件表面实施遮光处理。
4. 独立完成注塑类零件的数据采集。
5. 理清注塑类零件逆向建模思路。
6. 独立完成扫描数据逆向建模。
7. 完成注塑类零件的检测并完成报告。
8. 完成任务评价与总结。

 素养目标

课前分析零件的数据采集与建模两个工作任务之间存在的关联，进一步提升正确看待问题和处理问题的能力。

建议总学时

25 学时

学习活动 1　明确任务要求并制订工作计划

 学习目标

1. 能够掌握手持式扫描仪的维护与保养操作。
2. 能够正确填写注塑类零件三维扫描与逆向建模任务单。
3. 能够制订注塑类零件扫描工艺。
4. 掌握注塑类零件数据采集方法。

注塑类零件模型

 建议学时

2 学时

 学习过程

一、领取任务单与零件模型

1. 领取并填写注塑类零件三维扫描与逆向建模任务单（表 6-1）。

表 6-1　注塑类零件三维扫描与逆向建模任务单

单位名称				工期	2 周
开单部门				单号	
开单人		接单人		开单时间	
序号	产品名称	数量	技术标准和质量要求		三维扫描
1	注塑类零件	1 件	按图样要求		

2. 领取注塑类零件实物，如图 6-1 所示。

图 6-1　注塑类零件实物

3. 请查阅资料，扫描前是否需要对扫描零件进行表面处理，小组讨论表面处理的步骤，将讨论意见填写在下方空白处。

二、制订工作计划

1.查阅资料，通过小组讨论，列举注塑类零件的三维扫描及逆向建模所涉及的工具和软件，填写在下方空白处。

2.经过以上步骤的分析，请在小组间讨论分析零件的扫描工艺，填写在下方空白处。

3.小组讨论确定注塑类零件数据采集及逆向建模的最终步骤，请用思维导图等形式填写在下方空白处。

4.通过小组讨论，制订注塑类零件的数据采集及逆向建模工作计划，填写表6-2。

表6-2 注塑类零件的数据采集及逆向建模工作计划

步骤	工作计划	时　间
1		
2		
3		

（续）

步骤	工作计划	时　间
4		
5		
6		
7		
8		
9		
10		

5.上网查阅资料，将扫描仪的维护与保养操作填写在下方空白处。

三、成果汇报

各小组按照要求，结合本学习活动内容完成以下任务：

1.列出本学习活动执行过程中存在的问题和改进的方法。

2.选出小组代表，汇报本学习活动的完成情况。

学习活动2　制订扫描工艺并进行扫描预处理

 学习目标

1.能够分析注塑类零件的摆放角度与扫描特性。

2.能够选择正确方式对零件表面进行扫描预处理。

3.能够熟练对注塑类零件表面实施遮光处理。

4.能够独立制订注塑类零件的扫描工艺。

建议学时

5 学时

学习过程

一、任务实施

1. 参考注塑类零件的扫描流程，制订其扫描工艺（表 6-3）。

表 6-3 注塑类零件的扫描流程

序号	扫描流程
1	零件类型为注塑类零件，观察可知零件特征较少
2	采用拼接扫描
3	仔细观察零件表面是否有毛刺及油污等污染物，使用工具去除毛刺，使用无尘纸擦拭零件表面
4	在扫描的区域贴上标记点
5	拿出标定板，对扫描仪进行标定，检查精度合格后开始扫描，不合格则需重新标定
6	由于零件为注塑类黑色零件，黑色物体吸收光，对于光的反射率很低，若在不喷粉的情况下，零件表面不满足反射要求，扫描仪无法获取扫描数据并建立三维模型，所以需要在其表面喷涂显像剂
7	开始扫描，使用"快速扫描模式"并开启"强光模式"
8	对于注塑类零件的某些深孔特征，使用"深孔模式"进行扫描
9	对零件进行翻转，扫描第二面
10	根据特征切换合适的扫描模式
11	扫描完成后进行拼接
12	拼接完成后进行数据后处理，处理完成后导出模型文件

扫描工艺：

2. 独立对扫描零件表面实施遮光处理（表 6-4）。

表6-4 扫描零件表面的遮光处理

操作说明	图示
使用前摇匀，避免粉末颗粒状堆积影响扫描精度，喷涂距离不宜过近，喷涂尽量均匀，不要喷得太多	
在扫描零件表面均匀覆盖显像剂	
显像剂喷涂好后，将零件放置在扫描区域内	

二、场地清理

喷粉完成，按照车间规定整理场地，保持场地整洁。

三、成果汇报

各小组按照要求，结合本学习活动内容完成以下任务：

1.列出本学习活动执行过程中存在的问题和改进的方法。

2.选出小组代表，汇报本学习活动的完成情况。

学习活动3 三维数据采集

学习目标

1.能够使用橡皮泥等辅助工具辅助零件摆放并进行扫描。

2.能够分析注塑类零件的摆放角度与扫描特性。

3.能够独立完成注塑类零件的数据采集。

建议学时

10 学时

学习过程

注塑类零件的
数据采集

一、任务实施

根据表 6-5 独立进行注塑类零件三维数据采集。

表 6-5 注塑类零件三维数据采集流程

操作说明	图 示
选择"_____"	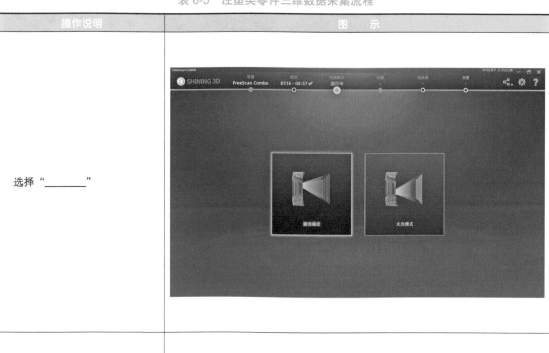
载入扫描中	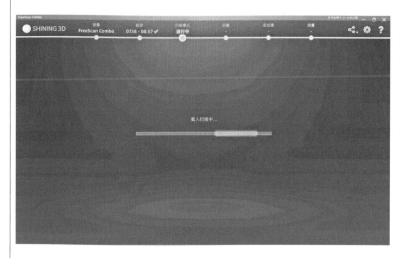

（续）

操作说明	图　　示
选择"＿＿＿＿＿"	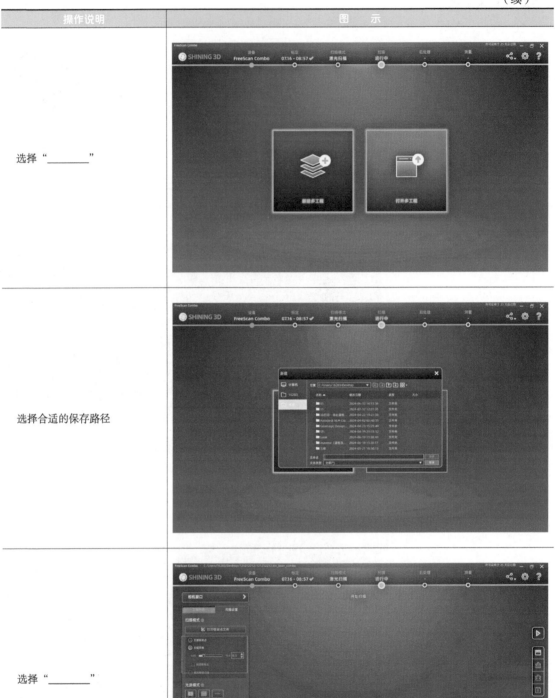
选择合适的保存路径	
选择"＿＿＿＿＿"	

（续）

操作说明	图　　示
使用扫描仪采集数据	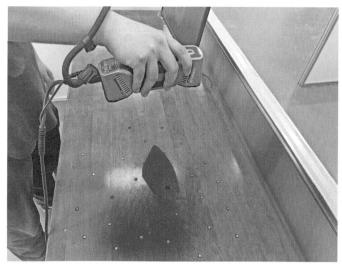
改变扫描仪的扫描角度，采集各个特征的扫描数据	
暂停扫描	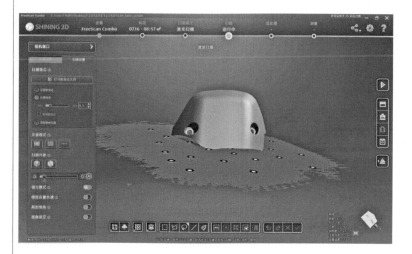

（续）

操作说明	图　　示
使用"选择"工具，选择并删除多余的扫描数据	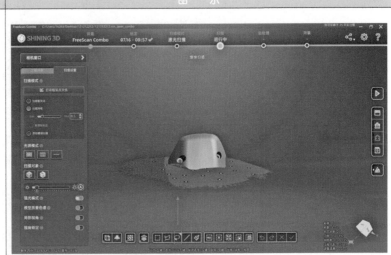 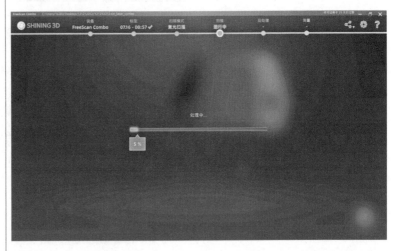
第一面的扫描数据采集完成，在工程列表中新建项目（Project）2	

（续）

操作说明	图示
将扫描零件翻转过来，使用橡皮泥等工具撑起扫描零件，这种摆放方式能更好地扫描连接面的特征	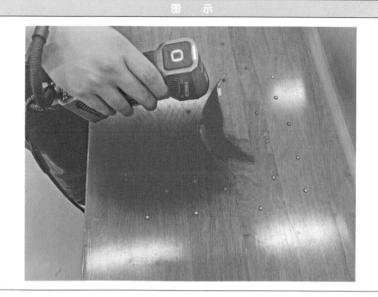
先使用"快速扫描模式"，采集第二面的扫描数据	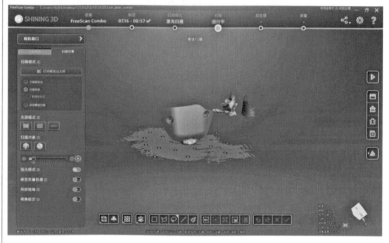
暂停扫描，使用"选择"工具，选择并删除多余的扫描数据	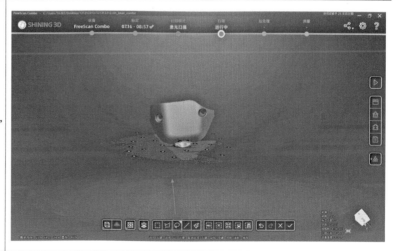

（续）

操作说明	图 示
暂停扫描，使用"选择"工具，选择并删除多余的扫描数据	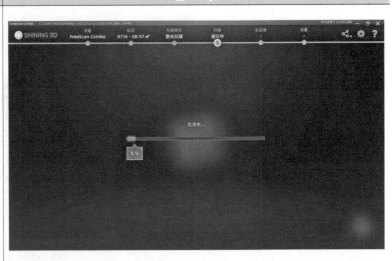
单击"＿＿＿＿"功能，固定窗口选择项目（Project）1，浮动窗口选择项目（Project）2，并进行"拼接"	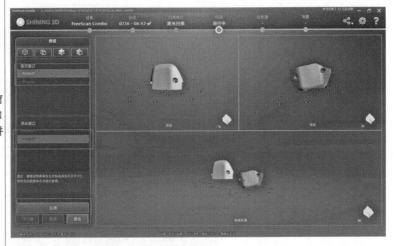
拼接完成	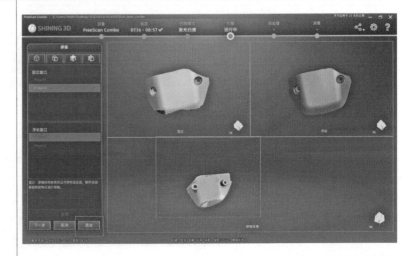

（续）

操作说明	图　　示
对拼接后的扫描数据进行"优化网格"处理	
设置好"优化网格"参数并单击"应用"	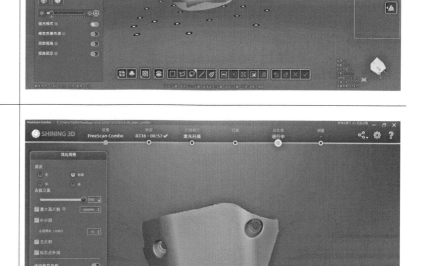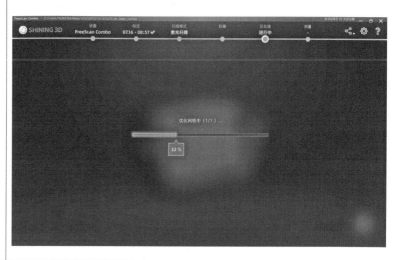

（续）

操作说明	图　示
网格优化完成后，保存数据，并选择合适的保存路径	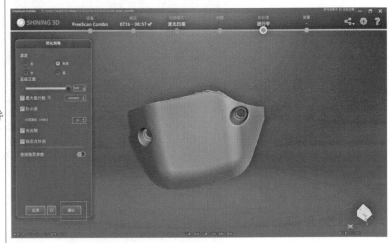
注塑类零件的扫描数据采集完成后，在逆向建模软件中打开注塑类零件的 STL 数据，并进行封装	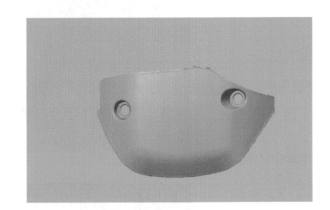

二、场地清理

数据采集完成，按照车间规定整理场地，保持场地整洁。

三、成果汇报

各小组按照要求，结合本学习活动内容完成以下任务：

1. 列出本学习活动执行过程中存在的问题和改进的方法。

2. 选出小组代表，汇报本学习活动的完成情况。

学习活动 4　逆向建模

 学习目标

1. 能够理清注塑类零件逆向建模思路。
2. 能够独立完成扫描数据逆向建模。
3. 能够完成注塑类零件的检测并完成报告。

 建议学时

5 学时

 学习过程

一、任务实施

根据表 6-6 独立完成逆向建模。

注塑类零件的
逆向建模

表 6-6　逆向建模流程

操作说明	图　示
导入＿＿＿＿点云数据，单击"＿＿＿＿"命令	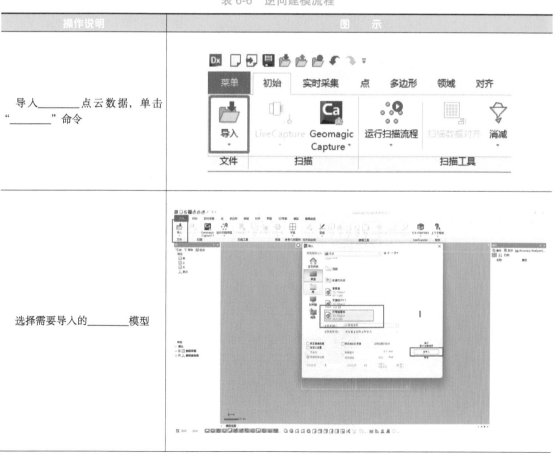
选择需要导入的＿＿＿＿模型	

（续）

操作说明	图　示
导入逆向建模软件中的＿＿＿＿模型	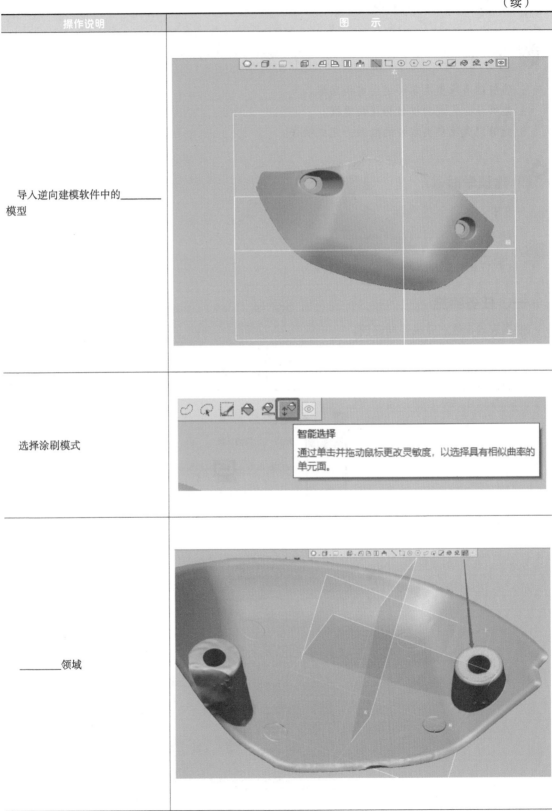
选择涂刷模式	
＿＿＿＿领域	

智能选择

通过单击并拖动鼠标更改灵敏度，以选择具有相似曲率的单元面。

（续）

操作说明	图　　示
＿＿＿＿＿领域	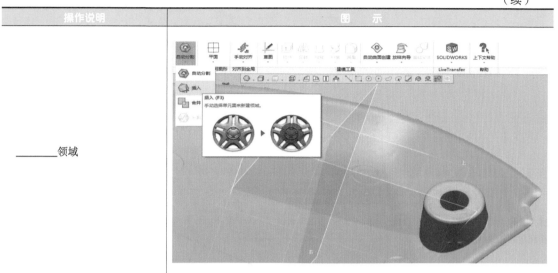
创建面片草图：右击创建的平面领域选择"面片草图"	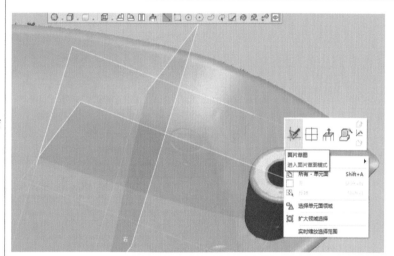
设置"面片草图"：投影范围直接覆盖整个零件，选择投影零件的轮廓，单击✔	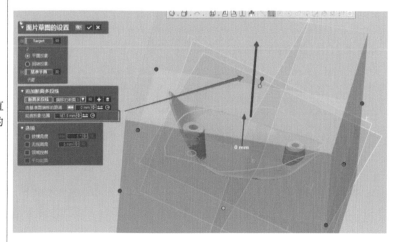

（续）

操作说明	图　示
绘制草图：绘制图示中的草图轮廓，并包括对齐要素、原点和两条相互垂直的直线	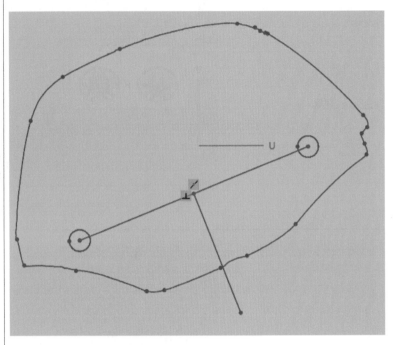
单击"_____"，进入手动对齐界面	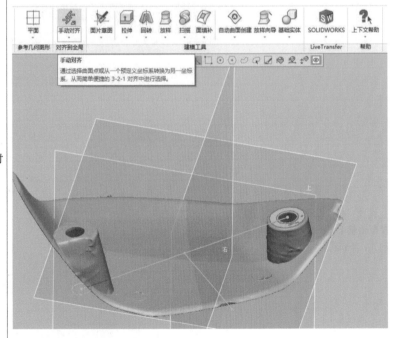

（续）

操作说明	图　示
按图示选择对应的点、线，完成手动对齐	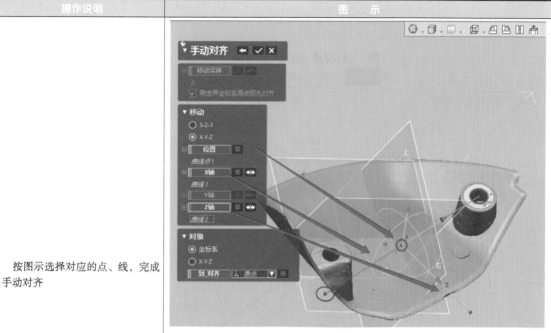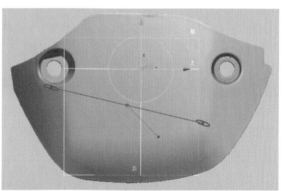
按照图示，刷涂并插入对应的特征领域	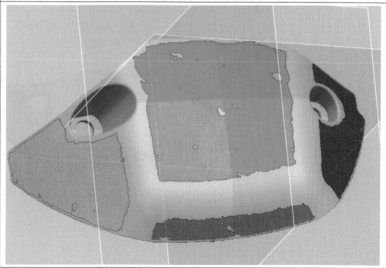

（续）

操作说明	图　示
单击"面片拟合"功能	
选择其中一个领域，完成"面片拟合"操作	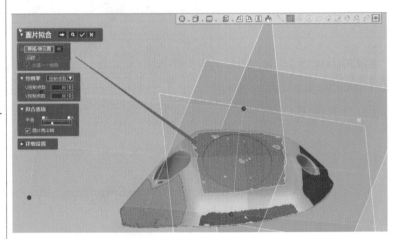
可打开"＿＿＿＿＿"功能，查看拟合的面片精度	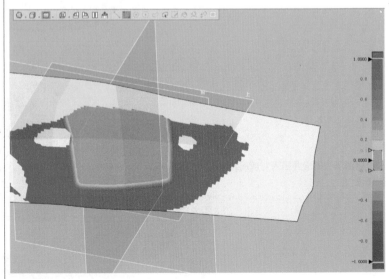

（续）

操作说明	图　示
重复上述步骤，拟合其他领域的面片	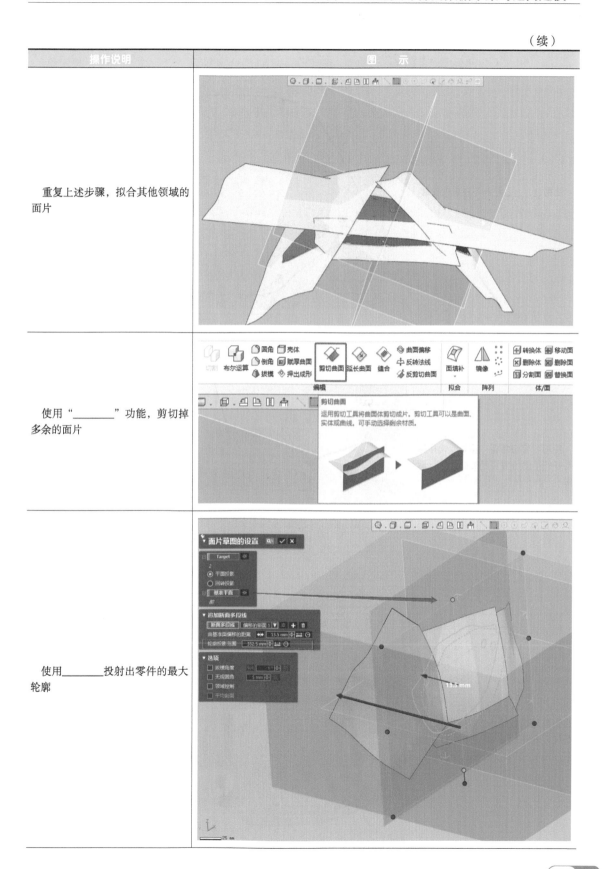
使用"＿＿＿＿＿"功能，剪切掉多余的面片	
使用＿＿＿＿＿投射出零件的最大轮廓	

（续）

操作说明	图　示
使用＿＿＿＿＿＿绘制零件最大轮廓	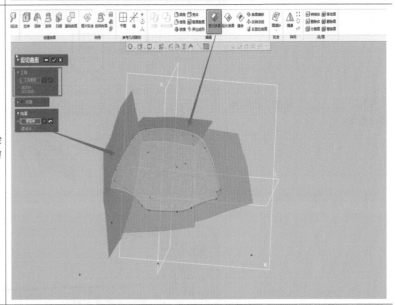
使用"剪切曲面"功能，选择绘制好的草图与剪切好的面片进行剪切	
剪切完成后打开"体偏差"查看精度，查看圆角处的精度是否正确	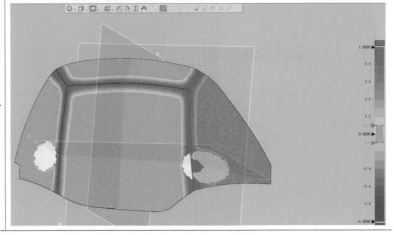

（续）

操作说明	图　　示
倒完圆角后的"体偏差"	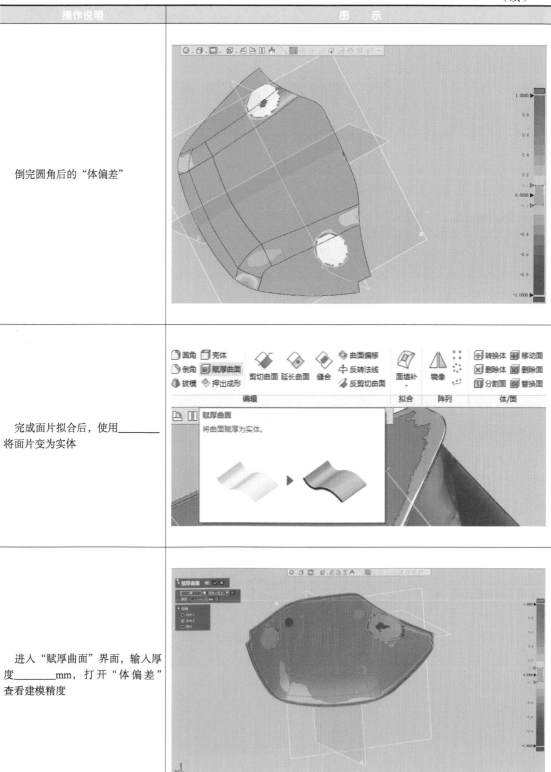
完成面片拟合后，使用_____将面片变为实体	
进入"赋厚曲面"界面，输入厚度_____mm，打开"体偏差"查看建模精度	

（续）

操作说明	图　示
对四周轮廓倒圆角	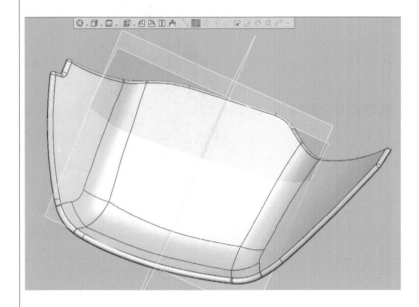
在箭头所指处创建"面片草图"，向下偏移＿＿＿＿＿＿mm，绘制圆柱特征	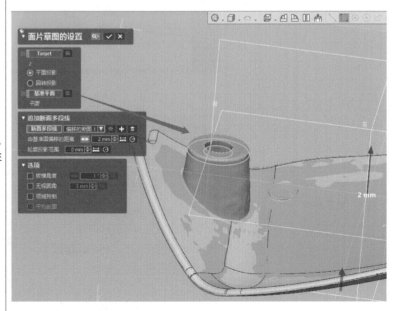

（续）

操作说明	图　示
使用＿＿＿＿＿绘制圆	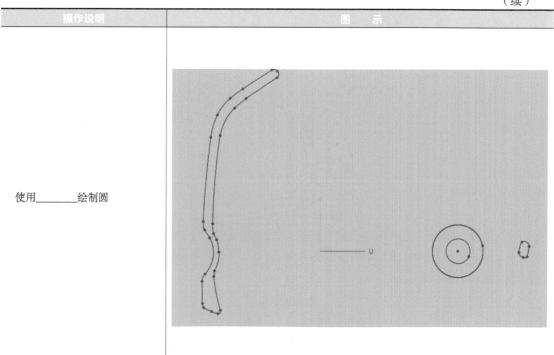
拉伸绘制的草图，"＿＿＿＿＿"选择"＿＿＿＿＿＿＿"，拔模角度为＿＿＿＿＿。	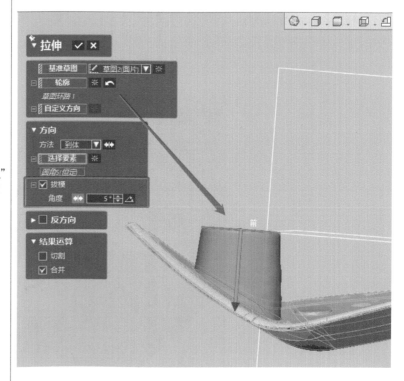

（续）

操作说明	图　示
	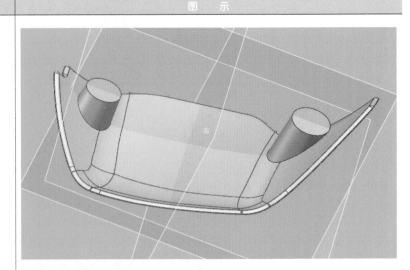
另一个圆柱特征的绘制方法同上	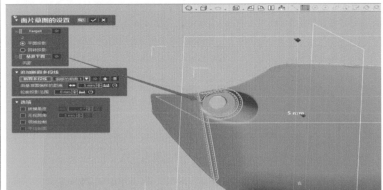
	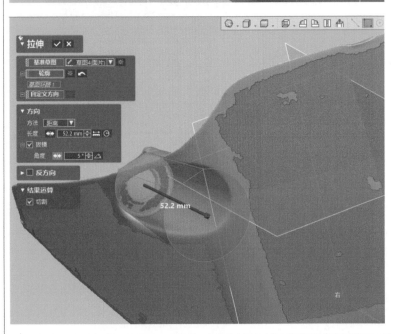

（续）

操作说明	图　示
通过插入领域、创建"面片草图"以及"拉伸草图"切割实体，完成其余两个孔特征的创建	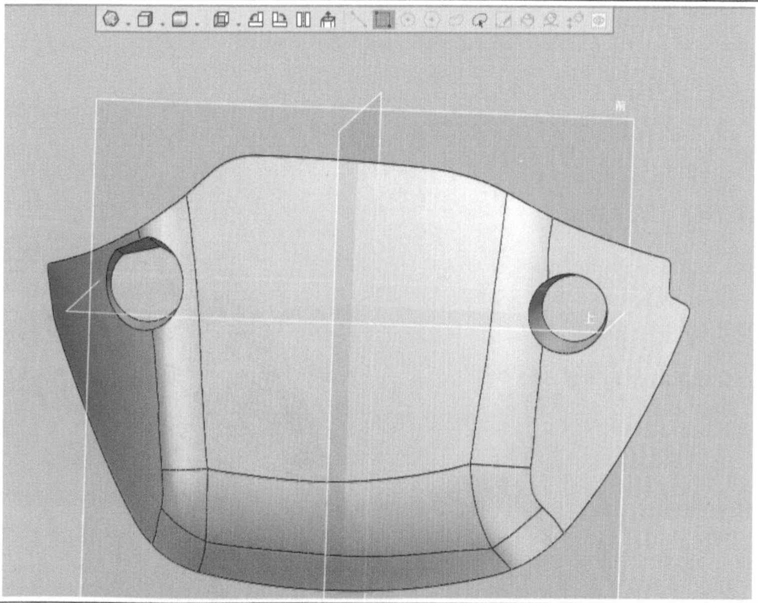
选择合适的平面创建"面片草图"，投影零件最大轮廓	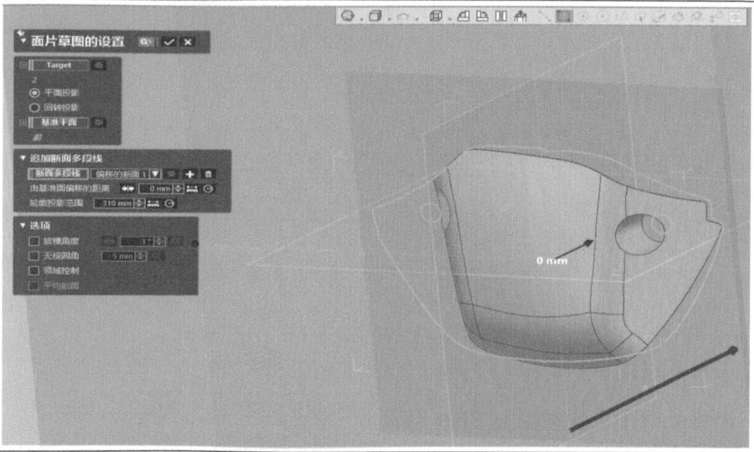
绘制两个圆，_____切割完成特征建模	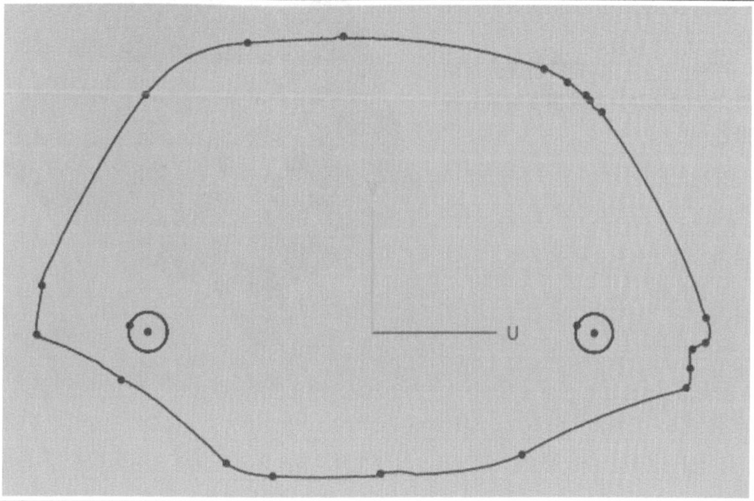

（续）

操作说明	图　示
完成逆向建模	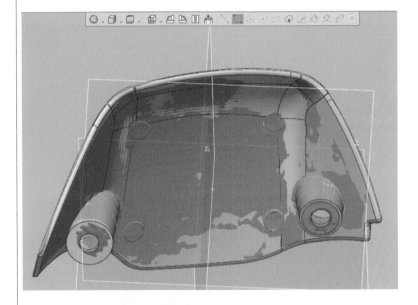
打开_____，查看精度分析结果并截图保存，完成精度检测分析报告	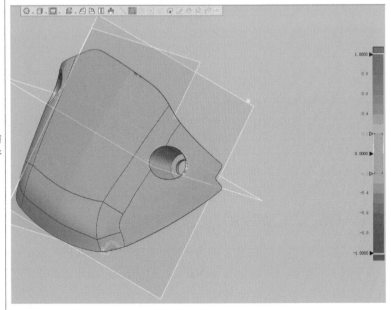

（续）

操作说明	图　示
输出模型的 STP 数据文件，并选择合适的保存路径	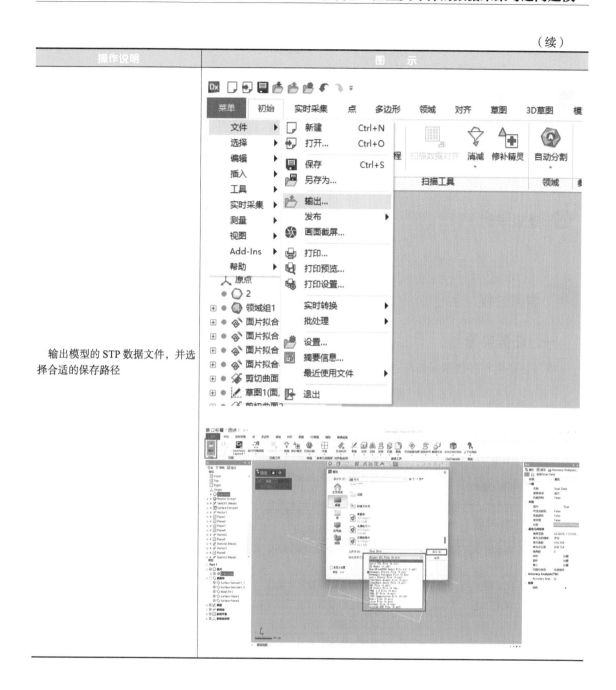

二、场地清理

逆向建模完成，按照车间规定整理场地，保持场地整洁。

三、成果汇报

各小组按照要求，结合本学习活动内容完成以下任务：

1.列出本学习活动执行过程中存在的问题和改进的方法。

2.选出小组代表，汇报本学习活动的完成情况。

学习活动 5　任务评价与总结

学习目标

1. 能够正确检测扫描采集的数据。
2. 能够满足三维扫描的基本要求。
3. 能够判断并分析检测不合格的原因。

建议学时

3 学时

学习过程

一、任务实施

填写注塑类零件数据采集与逆向建模的评分标准表（表 6-7）。

表 6-7　注塑类零件数据采集与逆向建模的评分标准表

序号	评价项目	分值	评分标准	学生自评	小组互评	教师评价
1	扫描仪校准	5	是否按要求完成校准			
2	坐标系对齐	5	是否完成坐标系对齐			
3	扫描完整性	10	特征是否完整，每处不完整扣 2 分，最多扣 10 分			
4	特征质量	10	扫描质量能满足逆向建模的条件，每处不满足扣 2 分，最多扣 10 分			
5	有无多余的噪点和碎片	10	是否出现多余噪点或碎片，每处扣 2 分，最多扣 10 分			
6	尺寸精度	20	抽取 2 处特征检查尺寸精度			
7	零件归还	5	零件归还时是否清洗干净并且无损坏			
8	职业素养	5	工具分区摆放			
		5	工具摆放整齐、规范、不重叠			
		5	量具摆放整齐、规范、不重叠			
		5	防护佩戴规范			
		5	工作服、工作帽、工作鞋穿戴规范			
		5	加工后清理现场、清洁及其他			
		5	现场表现			
	小计					
	总分					

注："总分"成绩计算按照"小计"中"学生自评"的 20%、"小组互评"的 30%、"教师评价"的 50% 进行综合计算。

二、清理现场、归置物品

良好的工作习惯是在工作过程中有意识地养成的，这一点对于具有良好职业素养的高技能人才尤其重要。请在下方空白处记录整理工作台、合理整齐摆放工具与量具和日常维护保养设备等的操作。

三、注塑类零件数据采集与逆向建模的工作小结

工匠精神

分析零件的数据采集与逆向建模两个工作任务之间存在的关联，进一步提升正确看待问题和处理问题的能力。

知识拓展

三维激光扫描技术的应用

三维激光扫描技术作为新兴的测绘技术，越来越引起相关研究领域的关注。该技术利用激光测距的原理，可通过记录被测物体表面大量、密集的点的三维坐标、反射率和纹理等信息，快速复建出被测物体的三维模型及线、面、体等各种数据。由于三维激光扫描系统可以大量、密集地获取被测物体的数据点，因此相对于传统的单点测量，三维激光扫描技术也被称为从单点测量进化到面测量的革命性技术突破。三维激光扫描技术用来测量工件的尺寸，主要应用于逆向工程中曲面零部件的三维测量。在没有技术文档的情况下，针对现有三维实物（样品或模型），可快速测得物体的轮廓集合数据，并建构出曲面的数字化模型。该技术已在文物古迹保护、规划、土木工程、工厂改造、室内设计、建筑监测、交通事故处理、法律证据收集、灾害评估、船舶设计、数字城市和军事分析等领域有了很多的尝试、应用和探索。

参考文献

[1] 成思源，杨雪荣，等 . 逆向工程技术 [M]. 北京：机械工业出版社，2017.

[2] 殷红梅，刘永利 . 逆向设计及其检测技术 [M]. 北京：机械工业出版社，2020.

[3] 刘军华，曹明元 . 3D 打印扫描技术 [M]. 北京：机械工业出版社，2019.